娟姗牛(母)

中国西门塔尔牛(母)

高产奶牛乳房

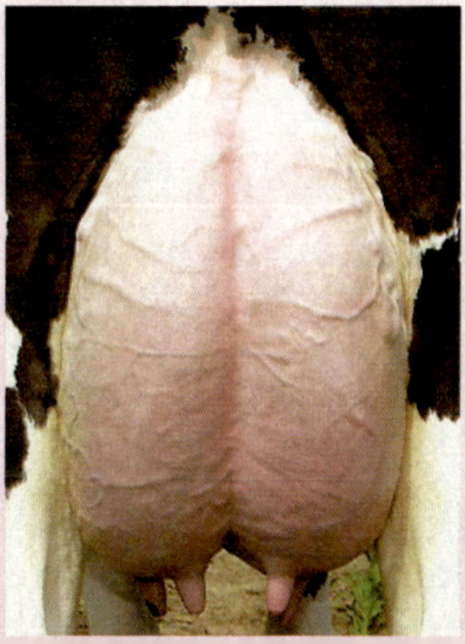

高产奶牛乳房

苜蓿干草捆

苜蓿干草

青饲玉米

TMR 日粮混合喂料车

药浴乳头

挤奶设备

挤奶厅

运动场凉棚

运动场水槽

运动场补饲槽

科技兴农富民培训教材

奶牛高效养殖教材

编著者
李建国　曹玉凤　王志刚
郑建华　李秋凤

金盾出版社

内 容 提 要

为了贯彻党中央关于加强农民技术培训的指示精神，帮助农民更好地依靠科技致富奔小康，金盾出版社与河北农业大学科技兴农培训中心共同策划，选择农民致富最常见的农业技术项目，约请热心农技推广的专家、教授编写，出版了这套“科技兴农富民培训教材”，共20分册。该套教材从现阶段农村技术需求和农民的文化技术基础出发，较好地体现了农村短期技术培训的特点和金盾版农业图书通俗、实用、价廉的特色。这套教材的出版得到了河北省扶贫开发办公室和联合国教科文组织国际农村教育研究与培训中心的热情支持。

本书是这套培训教材的一个分册，内容包括：奶牛的主要品种、引种和选育，奶牛的繁殖技术，奶牛的饲料，奶牛的饲养管理技术，奶牛的保健与卫生防疫措施，奶牛舍建筑与设备。内容简练，技术实用，语言通俗，适合作为科技下乡的培训教材和农民自学读本。

图书在版编目(CIP)数据

奶牛高效养殖教材/李建国等编著. —北京：金盾出版社，2005.4
(科技兴农富民培训教材)
ISBN 978-7-5082-3487-8

Ⅰ. 奶…　Ⅱ. 李…　Ⅲ. 奶牛-饲养管理-技术培训-教材
Ⅳ. S823.9

中国版本图书馆 CIP 数据核字(2005)第 004863 号

金盾出版社出版、总发行
北京太平路5号(地铁万寿路站往南)
邮政编码：100036　电话：68214039　83219215
传真：68276683　网址：www.jdcbs.cn
彩色印刷：北京精美彩印有限公司
黑白印刷：北京蓝迪彩色印务有限公司
装订：北京蓝迪彩色印务有限公司
各地新华书店经销

开本：787×1092 1/32　印张：3.375　彩页：4　字数：71千字
2009年1月第1版第3次印刷
印数：23001—34000册　定价：5.50元

致　辞

世界二分之一以上的人口以及三分之二以上的贫困人口生活在农村地区。中国是世界上农业人口最多的国家，据2000年11月1日普查，乡村人口占63.91%。中国政府始终把农民脱贫致富看作是关系到国民经济能否持续、稳定发展的大问题。

近几十年来，中国农村中小学教育的发展，使农村劳动力的受教育水平有了显著的提高，但与城市居民相比，中国农民受教育程度总体上还不高，科学文化素质较低。随着农业经济的发展，农民迫切希望获得有关经济作物种植技术、农产品加工、家畜饲养等多方面的科技知识。而那些渴望摆脱贫困走向富裕的农民，更是急切地企盼通过便捷的学习新科学技术的途径，迅速发家致富。但他们缺乏与农业技术推广部门的沟通，也很少有机会得到专项培训和与公共服务部门的接触。

当前中国农业推广事业的发展，还没能使技术在农民增收中发挥最大作用，“科技兴农富民培训教材”系列图书的出版，为农民培训提供了丰富而可供选择的教材，使广大农民能够从中学到既先进又实用的新知识、新技术、新信息，这是一件提高农民素质，引导农民科学经营农业，不断增加收入的基础性、公益性益举。

国际农村教育研究与培训中心是中国政府和联合国教科文组织合作建立在中国的国际教育机构。自1994年成立以来，始终致力于农村教育思想、方法、技术的国际研究与传播，促进教科文各会员国之间对农村地区人力资源开发政策和战略的磋商与合作。河北农业大学科教兴农中心一直是我们密切合作的伙伴。他们情系农民、农村，心系农业创新与发展，始终如一。现在他们组织的“科技兴农富民培训教材”出版了，可喜可贺。愿该系列图书不仅给中国也给其他可适用国家和地区的农民带来切实的经济效益。

联合国教科文组织

国际农村教育研究与培训中心

2004 年 12 月 30 日

序

当前，我国已经进入建设全面小康社会和加快推进社会主义现代化建设新的历史时期。解决好“三农”问题，直接关系经济社会的持续、快速、健康发展。党中央、国务院高度重视“三农”工作，把解决好“三农”问题作为全党和全部工作的重中之重，制定了一系列惠农政策，实行城乡统筹，加大对“三农”的投入力度。

农民增收是“三农”问题的核心。增加农民收入，必须大力拓宽农民就业渠道，加快农民向非农产业转移步伐，逐步减少农民数量。加强农民培训，使广大农民尽快掌握科技文化知识和生产技能，提高农民素质，是扩大农民就业、实现农民增收的重要途径。当前，科技发展日新月异，科技进步对推动经济社会发展的作用日趋突出。增强农业农村经济市场竞争力，推进农村小康建设，必须加大农业科技推广力度，促进科技进村入户，提高农民运用科技增收致富的本领。

河北省扶贫开发办公室和河北农业大学联合组织编写的这套《科技兴农富民培训教材》系列丛书，以培训农民为对象，以种植业、养殖业致富实用技术为重点，通俗易懂，简便易行，针对性、实用性、可操作性都很强，是农民脱贫致富的金钥匙。丛书的出版发行，对我省农业、农村经济发展必将起到有力的推动作用。

预祝“丛书”的出版发行取得圆满成功。

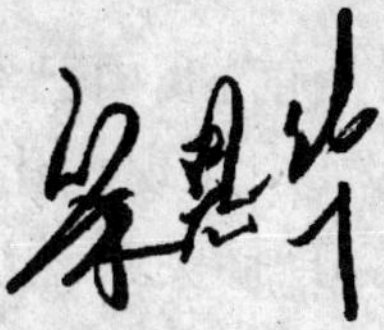

2005年3月16日

注：宋恩华同志现任河北省人民政府副省长

通讯地址：河北省保定市河北农业大学山区研究所
邮政编码：071001
咨询电话：0312—5061705

目　录

第一章　奶牛的主要品种、引种和选育

一、奶牛的主要品种

（一）荷斯坦牛

1. **产地**　原产于荷兰北部的西弗里斯和德国的荷尔斯坦省，目前分布于世界许多国家。输入国经过多年的选育，该牛在各国表现出一定的差异，常冠以输入国名称，如美国荷斯坦、加拿大荷斯坦牛等。

2. **生产性能**　荷斯坦牛属大型的乳用牛品种（美国和加拿大荷斯坦牛尤为突出），其毛色以黑白花或红白花为主要特点，生产性能比其他任何品种奶牛都优异。它以产奶量高、形态理想、饲料利用率高、环境适应能力强及产犊率高著称于世。据官方测定公布的数据，荷斯坦牛 305 天泌乳量 8 085 千克，乳脂和乳蛋白合计 550 千克。

中国荷斯坦牛（黑白花奶牛）是由国外引进的荷斯坦牛与我国黄牛杂交，经长期选育而成，是我国惟一的奶牛品种。据统计，头胎牛 305 天平均产奶量 5 197 千克，优秀牛群产奶量可达 7 000～8 000 千克，其中优秀个体的产奶量高达10 000～16 000 千克。平均乳脂率为 3.4%左右。未经育肥的淘汰母牛屠宰率为 49.5%～63.5%，净肉率为 40.3%～44.4%。经育肥的 24 月龄公牛犊屠宰率为 57%，净肉率 43.2%。

中国荷斯坦牛性成熟早，繁殖性能高。据统计，年平均受胎率 88.8%，情期受胎率 48.9%，繁殖率 89.1%。耐冷，不耐热，当气温上升到28℃时，其产奶量明显下降，7～8月份发情受胎率最低。

(二)娟姗牛

1. **产地** 原产于英国，于19世纪被欧美各国引入。毛色以褐色为主，鼻镜、副蹄和尾梢呈黑色，腹下、四肢内侧为淡色毛，角尖为黑色。颈细长、多皱纹，垂皮发达。体格小，结构匀称，乳房形态好，乳静脉发达。

2. **生产性能** 娟姗牛成年体重公牛650～700千克，母牛360～400千克。美国、丹麦的娟姗牛个体稍大。丹麦娟姗牛305天平均产奶量4 954千克，乳脂率6.3%，乳蛋白4%。娟姗牛被公认为养殖效率最高的奶牛品种，其每千克体重的产奶量超过其他品种奶牛，乳蛋白、无机盐、干物质等均超过了其他品种的奶牛。娟姗牛耐热能力强，在我国南方热带、亚热带地区，适于饲养，其他地区也可用于杂交改良乳脂率低的奶牛品种。

(三)中国西门塔尔牛

1. **产地** 我国自20世纪40年代开始从前苏联、德国、法国、奥地利、瑞士等国引进西门塔尔牛，经多年培育成为乳肉兼用品种牛。

2. **生产性能** 中国西门塔尔牛毛色为黄白花或红白花，头、胸、腹下和尾帚多为白色。体型中等，蹄质坚实，乳房发育良好，耐粗饲，抗病力强。成年体重公牛800～1 200千克，母牛600千克左右。

据统计，中国西门塔尔牛305天产奶量4 000千克以上，乳脂率4%以上。新疆呼图壁种牛场118头西门塔尔牛平均产奶量达到6 300千克，其中900302号母牛第二胎305天产奶量达到11 740千克。实验结果表明，该种牛18～22月龄宰前活重 575.4 千克，屠宰率为 60.9%，净肉率为 49.5%，其中牛柳 5.2 千克，西冷 12.4 千克，眼肉 11 千克。

中国西门塔尔牛平均配种受胎率 92%，情期受胎率 51.4%，产犊间隔 407 天。

二、奶牛的引种

奶牛产奶性能的表现是由其遗传性能和外界环境条件共同作用决定的。如果奶牛的遗传基因不良，即使饲养管理条件良好，也不会表现出好的生产性能。在引种和选留奶牛时，应从以下几个方面进行选择。

（一）品　种

首先要选择生产性能与适应性俱佳的奶牛品种。目前世界上饲养数量最多的是荷斯坦牛（占奶牛品种的 95%），适合我国各地饲养。

（二）年　龄

奶牛一般在第五胎时达到产奶高峰，以后产奶量逐渐下降，因此，引种时要选择初产牛、育成牛或犊牛。选牛时要对牛的年龄进行正确鉴定，虽然供牛单位提供牛的出生记录，但还应请有经验的畜牧兽医人员进行实地鉴定，一般采取牙齿鉴定与角轮鉴定相结合的方法。由于冷冻精液已得到广泛应用，一般不购买公牛，而是根据公牛档案选购良种公牛的冻精，通过人工授精技术繁育后代。

（三）系　谱

选牛时，最好查阅牛的个体系谱资料，按照引进目的的不同，系谱可要求查三代到一代不等。根据系谱对青年牛做出预计产奶性能的评价，同时作为今后选种选配的依据。

(四)生产性能

1. **产奶量** 奶牛产奶量是以305天的实际奶量(或换算为4%的标准奶量)为标准进行评定的。我国产奶量8 000千克以上的均为高产奶牛。

由于奶牛产奶量的遗传力不高(约0.3),且受外界环境的影响较大,因此,在参考产奶量选牛时,还应考虑饲养管理因素,最好是在同一季节内产犊,并在相似的饲养管理条件下的母牛间进行比较。奶牛不同胎次的产奶量是不一样的。在同等的饲养管理条件下,中国荷斯坦牛的年产奶量在5胎前随胎次增加而增加,之后会逐年下降。

2. **乳脂率** 为评定牛奶品质的一项重要指标,乳脂率遗传力较高(约0.6),通过定向选育,可以提高牛奶中乳脂的含量,中国荷斯坦牛乳脂率为3%~4%。

奶牛的产奶量与乳脂率之间存在负相关关系,因此选择奶牛在考虑产奶量的同时,还应兼顾乳脂率。

(五)体型外貌

1. **体躯特点** 荷斯坦牛最显著的外貌特征为全身黑白花。高产奶牛从整体来看,皮薄骨细,血管外露,被毛细短而有光泽。全身肌肉不甚发达,皮下脂肪沉积不多,胸腹宽深,后躯和乳房十分发达,呈明显的细致紧凑型。从侧、前、上望均呈楔形。侧望:将背线向前延伸,再将乳房腹线连成1条长线,延长到牛头前方,而与背线的延长线相交,构成1个楔形。从这个体型可以看出乳牛的体躯是前躯浅后躯深,表示其消化系统、生殖系统和泌乳器官发育良好,产奶量高。前望:由鬐顶点作起点,分别向左右两肩下方做直线并延长之,与胸下水平线相交,又构成1个楔形。这个楔形表示鬐甲和肩胛部肌肉不多,胸廓宽阔,肺活量大。上望:由鬐甲分别向左右两腰角引2条直线，与两腰角的连线相交，亦构成1个楔形。这个楔形表示后躯宽大，发育良好。

从局部来看，头清秀，鼻孔大，颊强壮，嘴宽，颈薄而细长、多皱纹，髋骨节高而宽阔，尾细长，尾毛发达，四肢骨直、强壮，系短有力，蹄壳圆、蹄底平，后肢侧望，由臀端向下引一垂线，应与飞节端相切。从后面看，应平分飞节及后管而落于蹄的后方。身体容积大而强壮，腹部宽而深，肋弓开张，肋骨间距宽，胸围大而深，胸底宽。腿后望宽阔，棱角轮廓清晰。尻部宽、长、平。四肢端正结实，乳房大，质地好，形状好，附着好。

2. **乳房特点** 高产奶牛应有一个发育良好的理想型乳房，乳房基部应充分前伸后延，前乳房应向前延伸至腹部和腰角前缘，后乳房应向股间的后上方充分延伸，附着较高，使乳房充满于股间而突出于躯体的后方。四乳区应发育均匀而对称，整个乳房附着良好，呈浴盆状，其底线略高于飞节。乳房应具有薄而细致的皮肤，短而稀疏的细毛，弯曲而明显的乳静脉，宽而大的乳镜，粗而深的乳井。乳房富于弹性，挤奶前后形状变化较大，挤奶前乳房饱满，左右乳区间形成明显的纵沟，挤奶后，纵沟消失，乳房形成许多皱褶，乳房变得很柔软。乳静脉是从乳房沿下腹部，经过乳井到达胸部，汇合胸内静脉，再穿过胸壁而入心脏的静脉血管。乳静脉和乳房静脉粗大、明显、弯曲、分枝多是高产奶牛的一个重要标志。乳井是乳静脉在第八、第九肋骨处进入胸腔所经过的孔道。它的粗细是乳静脉发育程度的标志。乳井在腹下左右两侧各1个，个别奶牛有3个或者更多。乳井应粗大而深。乳头应呈圆柱形，长度7～9厘米，4个乳头间距应宽且均匀，大小长短一致，底线平坦。乳头过长、过短和脂肪乳头都是缺点，无论是手工挤奶或机器挤奶均不方便。乳镜是指乳房后面沿会阴向下夹于两后肢之间的稀毛区。乳镜宜宽大。

（六）健康状况

健康牛一般行动灵活，精神状态好，两眼有神，尾毛干净，体毛光亮，鼻孔及鼻镜湿润，口腔及眼结膜呈粉红色，呼吸均匀（高产奶牛 37 次/分，低产奶牛 30 次/分）。高产牛心跳 89 次/分，低产牛 77 次/分。健康高产牛每次排粪时间长，排粪量多，粪便较稀。从外地购入牛时应了解当地疫病流行情况，并要求原场出具兽医防疫检疫部门对所引牛只的检疫证明和免疫记录。

（七）运　输

起运前必须核实检疫是否合格，牛只应按大小、强弱分群。天气炎热时，应在傍晚起运，运输车辆要通风良好，途中车辆尽量减少急刹车，尽可能缩短运输时间，上车前牛只必须吃饱饮足。必须随车跟随有经验的畜牧兽医人员，长距离运输还应尽可能携带饲草和饮水。冬天起运，还应做好抗风寒准备。

（八）进　场

卸车后，应控制牛的饮食，以免因长途运输后，暴饮暴食致病，甚至死亡。进场后，应隔离饲养 15 天以上，确定无疾病后方能混群，对一些不适应症或不良反应需及时给予妥善处理。

三、奶牛的选育

加强奶牛的选育工作，是促进奶牛生产性能不断提高的根本措施。应加强对奶牛编号、系谱注册、生产性能测定、个体鉴定分级与选种选配等技术工作。

（一）奶牛编号

牛号是用以区别牛个体的符号。荷斯坦牛的个体除了用照片与花片区别以外，每头牛均编有相应号码。

1. **编号规定**　即省、市范围内的牛场编号（3位数）＋年度号码尾数（2位数）＋年内出生牛顺序号（3位数），共8位数，后2部分编号，牛场可根据本年度及出生顺序自己掌握。全国注册牛编号时，应在编号最前方再加上2位省、市编号，共10位数。良种登记（指全国良种登记）牛编号即省、市编号（2位数）＋累计顺序号（6位数），共8位数。

2. **耳标**　注册牛只左耳佩戴塑料耳号。牛场编号字型偏小，位于上方，年度及顺序号字型偏大，位于下方。良种登记牛右耳佩戴铜制或铝制耳号。

3. **牛只原产国别、出生国别代号**　美国用"A"，英国用"E"，加拿大用"C"，日本用"J"，德国用"G"，丹麦用"D"，荷兰用"H"，法国用"F"，新西兰用"Z"，中国不记代号。

（二）系谱注册

系谱是奶牛场最基本的资料，记录要及时、准确，并妥善保管。应统一按照"奶牛系谱"格式填写。牛只出生当日务必填写系谱，以后逐步填写其他内容，包括：第一，牛只编号、花片特征（绘图或摄影）、来源、出生日期、初生重、近交系数。第二，应该记录三代亲本牛号和父系育种值，母系至少有第一胎和最高胎次产奶量和乳脂率。第三，按照牛只不同发育阶段填写体尺、体重与外貌鉴定结果。第四，按泌乳月填写产奶量和乳脂率。第五，及时记录免疫情况。

牛只调出时，由资料员抄写副本系谱随牛带走，原本留下；牛只死亡或淘汰时，应记录终生产奶量，系谱存档，不得丢失。填写系谱时，字迹要清楚，不得涂改。按时填写育种报表。

（三）生产性能测定指标

奶牛的生产性能测定是反映奶牛生产能力高低以及为品种选育和饲养管理提供依据所必不可少的。反映奶牛生产性能的指标主要有产奶量、乳脂率、乳蛋白率、饲料转化率和排乳速度等。

1. 产奶量 最精确的方法是将每头母牛每天每次的产奶量进行称量记录，泌乳期结束后进行统计。这种方法十分繁琐，工作量大，不适于规模生产，实际中已很少采用。现介绍农业部颁发的产奶量测定（测产）办法。

（1）中国荷斯坦牛生产性能测定办法 每月测定1次，记录24小时内的产奶量、乳脂率和乳脂量。产奶量可用秤称或容器量，容器刻度不应超过200毫升，产奶量以千克表示，保留1位小数。记录期间每次根据产奶量按比例取样，混合后做乳脂分析。奶样总收集量不少于30毫升，以接近0℃（但不能低于0℃）保存，也可在每升奶中加入1克重铬酸钾或氯化汞或1～2毫克甲醛进行保存。测定乳脂率，并据此计算24小时内的乳脂量，小数点后保留3位。

测产每月1次，可间隔26～33天，但分娩后5天内不测定。泌乳期以产犊的次日为开始日期，在挤奶次数减为1日2次后，最后1次测产后的第十四天为该泌乳期的结束日（不是实际结束日）。如果漏测1次，可根据前后2次测产结果用内推法计算结果来代替，若测产中断60天以上，则测产结果不予承认。在泌乳期长于305天情况下，305天产奶量只取前305天的测产结果。产奶量和乳脂率的计算方法如下。设M_1、M_2…M_n为第C_1、C_2…C_n次测产的奶量，单位千克（小数点后一位）；m_1、m_2、…m_n为每次测产的乳脂量，单位千克（小数点后3位）；1_1、1_2、…1_{n-1}，为C_1和C_2次测产、C_2和C_3次测产…

C_{n-1}和 C_n 次测产间的间隔天数；1_0 为产犊至第一次测产间的日数；1_n 为末次测产和泌乳结束日期间的日数（按 14 天计算）；LM 为泌乳期奶量；LF 为泌乳期乳脂量。

$$LM=M_1(1_0+1_1/2)+M_2(1_1+1_2)/2+M_3(1_2+1_3)/2+\cdots+M_{n-1}(1_{n-2}+1_{n-1})/2+M_n(1_{n-1}/2+1_n)$$

$$LF=m_1(1_0+1_1/2)+m_2(1_1+1_2)/2+m_3(1_2+1_3)/2+\cdots m_{n-1}(1_{n-2}+1_{n-1})/2+m_n(1_{n-1}/2+1_n)$$

平均乳脂率（%）=（LF/LM）×100

对因条件所限，目前还不能按上述方法测产的个体户，可采用每月记录 3 天，间隔 8～11 天的方法，按下列公式计算：全月产奶量（千克）$=(M_1\times D_1)+(M_2\times D_2)+(M_3\times D_3)$。式中 M_1、M_2、M_3 为各测定日全天产奶量，D_1、D_2、D_3 为本次测定日与上次测定日之间的间隔天数。

(2)奶牛群体产奶量　全年平均日饲养成年母牛头数（包括所有成年母牛）按饲养日计算年均产奶量，可反映牛群的整体饲养水平，便于计算牛群的饲料报酬和产奶成本。而全年平均日饲养泌乳牛按实际泌乳日计算的年均产奶量，可以反映牛群的质量，并供拟定产奶计划时参考。

2. 乳脂率　根据中国荷斯坦牛生产性能测定办法，乳脂率用盖氏法或能得到相同结果的其他方法测定，每月 1 次，与测定产奶量同时进行。现许多奶牛场拥有快速乳脂测定仪，也能较方便、准确地测定乳脂率。根据乳脂率和产奶量可计算乳脂量。

不同奶牛个体的乳脂率差异很大，为评定不同个体间泌乳性能的优劣，可用 4%乳脂校正乳量（FCM）来比较，其换算公式为：

$$FCM(\%)=M(0.4+0.15F)$$

式中 FCM 为乳脂率 4%的标准奶量,M 为乳脂率为 F 的奶量(千克),F 为乳脂率。

3. **乳蛋白率** 用凯氏微量定氮法、比色法或能得到相同结果的其他方法进行测定。根据乳蛋白率可计算出乳蛋白量。

4. **饲料转化率** 饲料转化率可反映奶牛将饲料转化为奶的能力,也是鉴定奶牛品质的重要指标之一。饲料转化率(%)有 2 种表示方法,即每千克饲料干物质可生产千克牛奶数和每生产 1 千克牛奶需消耗的千克饲料干物质。

$$饲料转化率(\%)=\frac{全泌乳期\mathrm{FCM}总产量(千克)}{全泌乳期消耗饲料干物质总量(千克)}\times 100$$

$$饲料转化率(\%)=\frac{全泌乳期消耗饲料干物质总量(千克)}{全泌乳期\mathrm{FCM}总产量(千克)}\times 100$$

5. **排乳速度** 挤奶时乳汁排放的快慢,以每 30 秒或每分钟排出的奶量(千克)为准,可在挤奶时用弹簧秤挂在三角架上直接称量。排乳速度快的母牛有利于在挤奶厅集中挤奶。

6. **前乳房指数** 奶牛左右乳房的奶量基本相等,即发育较匀称,而前后乳区的奶量差别较大,后乳区的发育明显好于前乳区。通常用前乳房指数表示乳房的对称程度。一般乳用品种的前乳房指数为 43%左右,并且成年母牛略小于头胎母牛。

$$前乳房指数(\%)=\frac{前两个乳区奶量(千克)}{总奶量(千克)}\times 100$$

7. **其他** 近来一些发达国家还测定乳中的无脂固形物率和体细胞数。乳无脂固形物率是指奶中除去脂肪后的固形物(干物质)含量,与奶的质量有关;乳中体细胞数与乳房炎关系密切,体细胞数越多,患乳房炎的可能性就越大。

（四）奶牛的选种与选配

选种就是从奶牛群中选出最优秀的个体作为种用，从而使牛群的遗传素质和生产水平不断提高。通过恰当的选配，把具有优良遗传特性的公、母牛进行组合交配，可以达到提高产奶量、改善牛奶品质、克服体型缺陷、增强抗病力和提高经济效益的目的。

1. 母牛的选留与淘汰

（1）犊牛及青年母牛的选择 为了保持牛群高产、稳产，每年必须选留一定数量的犊牛和青年母牛，并适当淘汰不符合要求的母牛。每年选留的母犊不应少于产奶牛的1/3。

对初生小母犊以及青年母牛，首先是按系谱选择，即根据所记载的祖先情况，估测来自祖先各方面的遗传性。按系谱选择犊牛及青年母牛，应重视最近三代祖先。系谱一般要求三代清楚，即应有祖代、父母代及本代牛号、体重、体尺、外貌和生产成绩。

按生长发育选择，主要以体尺、体重为依据，其主要指标是初生重、6月龄和12月龄体重、日增重和第一次配种及产犊时的年龄和体重，有的品种牛还规定了一定的体尺标准。犊牛出生后，6月龄和12月龄及配种前按犊牛、青年牛鉴定标准进行体型外貌鉴定。对不符合标准的个体应及时淘汰。

新生犊牛有明显的外貌与遗传缺陷，如失明、毛色异常、异性双胎母犊等应及时淘汰。在犊牛发育阶段出现四肢关节粗大，肢势不正，运步异常，体型偏小，生长发育不良也应淘汰。育成牛阶段有垂腹、卷腹、弓背或凹腰，生长发育不良，体型瘦小；青年牛阶段有繁殖障碍、不发情、久配不孕、易流产和体型有缺陷等应一律淘汰。

（2）成年母牛的选择 生产母牛主要根据其本身表现进

行选择。包括：产奶性能、体型外貌、体重与体型大小、繁殖力（受胎率和胎间距等）及早熟性和长寿性等性状。最主要的是根据产奶性能进行评定，选优去劣。

①产奶量：要求成年母牛产奶量高，根据母牛产奶量高低次序进行排队，将产奶量高的母牛选留，产奶量低的淘汰。因为头胎母牛产奶量和以后各胎次产奶量有显著正相关，所以从头胎母牛产奶量即可基本确定牛的生产性能优劣，对那些产奶量低、产奶期短的母牛应及时淘汰。以后各胎次母牛，除产奶因素外，有病残情况的应淘汰。

②乳的品质：除乳脂率外，近年不少国家对乳蛋白率的选择也很重视。这些性状的遗传力都较高，通过选择容易见效。而且乳脂率与乳蛋白含量之间呈中等正相关，与其他非脂固体物含量也呈中等正相关。这表明，在选择高乳脂率的同时，也相应地提高了乳蛋白及其他非脂固体物的含量，达到一举两得之功效。但在选择乳脂率的同时，还应考虑乳脂率与产奶量呈负相关，二者要同时进行，不能顾此失彼。

③繁殖力：就奶牛而言，繁殖力是奶牛生产性能表现的主要方面之一。因此要求成年母牛繁殖力高、产犊多。对那些有繁殖障碍且久治不愈的母牛也应及早淘汰。

④饲料转化率：是奶牛的重要选择指标之一。在奶牛生产中，通过对产奶量直接选择，饲料转化率也会得到相应提高，可达到直接选择70%～95%的效果。

⑤排乳速度：排乳速度多采用排乳最高速度（排乳旺期每分钟流出的奶量）来表示。排乳速度快的牛，有利于在挤奶厅中集中挤奶，可提高劳动生产率。

⑥前乳房指数：指前乳房泌乳量占前、后乳房泌乳总量的比例。前乳房指数反映4个乳区的均匀程度。在生产中，应选

留前乳房指数接近50%的母牛。

⑦泌乳均匀性：产奶量高的母牛，在整个泌乳期中泌乳稳定、均匀，下降幅度不大，产奶量能维持在很高的水平。奶牛在泌乳期中泌乳的均匀性，一般可分为以下3个类型：第一，剧降型。母牛产奶量低，泌乳期短，但最高日产量较高。第二，波动型。母牛泌乳量不稳定，呈波动状态。此类型牛产奶量不高，繁殖力也较低，适应性差，不宜留作种用。第三，平稳型。此类型母牛在牛群中最常见，泌乳量下降缓慢而均匀，产奶量高。一般在最初3个月占总量的36.6%，第四、第五、第六3个泌乳月为31.7%，最后几个月也为31.7%。此类型母牛健康状况良好，繁殖力也较高，可留作种用。

2. **选配原则与选配计划**　公牛的生产性能与外貌等级应高于与配母牛等级。优秀公、母牛采用同质选配，品质较差母牛采用异质选配。务必避免相同缺陷或不同缺陷的交配组合。除育种群中采用近亲交配外，一般牛群应控制近亲交配。

拟定选配计划以前，首先应审查公牛系谱、生产性能、外貌鉴定、后裔测定等资料（包括各性状的育种值，体型线性柱形图及公牛女儿体型改良的效果）和优缺点等。然后考虑本场牛群基本情况，绘制牛群血统系谱图，进行血缘关系分析。并对牛群生产水平与体型按公牛、胎次、年度等进行分析，并且和以前（或上一个世代）比较，从而提出需要改进的具体要求和指标。同时，分析历年来牛群中优秀的公、母牛个体，选出亲和力最好的优秀公、母牛组合。如果过去的选配效果良好，即可采用重复选配；对已证明过去选配效果不理想的个体，要及时进行适当调整；对没有交配过的母牛，可参照同胞姊妹和半同胞姊妹的选配方案进行，也可作为初配母牛进行选配。

奶牛场在选用冷冻精液过程中，一定要从种公牛站获取上述资料，结合本场母牛的血统、生产性能和体型鉴定结果进行选配，不能认为种牛场的冷冻精液均采自良种而盲目使用，以免造成近亲繁殖或同质遗传缺陷重合。

3. **选配原则**

(1)同质选配　为了保证本品种的优良特征特性，进行同质选配。其原则是好的配好的，产生更好的后代。同质选配绝不允许所选的公、母牛有共同的缺点，同质选配也可使隐性有害基因得到纯合，出现适应性差、生活力低的现象。因此，要注意加强选择，淘汰体质衰弱或有遗传缺陷的个体。

(2)异质选配　是利用体型外貌和生产性能不同的公、母牛进行交配，目的是获得双亲有益品质的组合。一是选择具有不同优异性状的公、母牛交配，以期 2 个性状结合在一起，从而获得兼有双亲不同优点的后代。二是选择同一性状但优异程度不同的公、母牛交配，以其优良性状改良不良性状，达到目的后再转入同质选配。异质选配可以提高双亲的差异性，增加新类型，提高生产力和适应性。为了创造高产群体和新品种，可用不同品种的牛进行异质选配。我国利用黄牛和奶牛的杂交后代与荷斯坦牛进行选配，从而提高了后代的产奶量，还改善了其乳用体型和乳房结构。

同质选配和异质选配是相对的，二者在生产实践中是互为条件、相辅相成的。二者不能截然分开，只有将二者密切配合，交替使用，才能不断提高和巩固整个牛群的品质。

4. **选配方式**

(1)个体选配　根据每头母牛的个体特性、来源、外貌和生产性能以及过去的选配效果，选择最优秀的种公牛进行交配。在这样的选配中获得优良的公牛比母牛更为重要。这种形式的选配多在育种场进行。

(2)**群体选配**　这种选配的本质是把母牛根据其来源、外貌特点和生产性能进行分群，根据各母牛群的特点来选择2头以上比该牛群性状优良的种公牛，以1头为主，其他为辅。这种选配方式多应用于生产场或人工授精站，也可应用于育种场。

（五）奶牛的纯种繁育与杂交改良

在奶牛生产中，主要采用纯种繁育，也经常采用杂交改良的方式，以提高奶牛品质。

1. **纯种繁育**　简称纯繁，是指同品种内公、母牛的繁殖和选育，可以使本品种的优良品质和特性在后代中更加巩固和提高。

(1)**近亲繁育**　凡有亲缘关系的公、母牛进行交配称近亲繁殖。近亲繁殖可增加基因纯合。亲缘系统越近的个体间交配，基因纯合的概率越大。通过近亲繁殖可使优良基因的纯合集中于某些个体，从而获得品质优异的理想型个体。反之，近亲繁殖也可使一些有害隐性基因纯合而暴露出来，从而淘汰不良个体。

(2)**品系繁育**　品系是指品种内具有相似特点，而又来源于同一优良种公牛的牛群。品系繁育比嫡亲繁育应用更广，这是比较保险的一种近亲繁育方法，但品系繁育需要的时间长，才能获得良好效果。目前对此问题尚有争议。加拿大专家认为，荷斯坦牛已成为世界性品种，不宜采用品系繁育。

2. **杂交改良**　杂交改良是指不同品种牛间进行相互交配，其目的是利用杂种优势，提高奶牛生产性能。

(1)**引入杂交**　也叫导入杂交。为了纠正某奶牛品种（或牛群）的某些个别缺点，往往引入另一奶牛品种进行引入杂交。引入杂交的方法是用含外血1/2的公牛与母牛交配，产生含有外血 1/4 的后代进行自群繁育；如果引入外血后对原有奶牛品种(或牛群)某些优良品质有所损失，则可用原奶牛品种公牛交配 1 次，以便使外血含量由 1/4 下降到 1/8，以免因引入杂交而改变原奶牛品种的基本特性。

近年来，我国曾多次从美国、加拿大引进荷斯坦种公牛与我国荷斯坦母牛进行交配。结果表明，后代产奶量、乳房形状、排乳速度和前乳房指数均有较大改进。目前在许多奶牛生产发达国家间，也定期地交换部分精液，这种双向的导入杂交，其目的已不仅是纠正缺点了，而是旨在扩大群内的遗传变异幅度。为了提高牛群的遗传变异，我国不同牛群间也应该有计划有目的地进行精液交换工作。

(2)级进杂交　是用高产奶牛品种种公牛与低产品种母牛逐代进行杂交，一直达到彻底改造低产品种的目的。各代杂种母牛，随着杂交代数的增加，含高产品种血液也逐代增加。一般级进到 3～4 代，其杂种通常称高代杂种。高代杂种与纯种几乎已无差异。有的国家对 4 代以上的杂种母牛，即按纯种对待。采用级进杂交，必须为杂种牛创造良好的饲养管理条件，以使其优良遗传性状获得充分发挥。对公牛的选择必须慎重，以保证杂交改良的成功。

思考题

1. 养奶牛选择什么品种？
2. 如何进行奶牛的选择与引种？
3. 母牛的选留与淘汰的原则是什么？

第二章　奶牛的繁殖技术

一、母牛的发情鉴定技术

(一)母牛的繁殖特点

奶牛属于长年发情动物。

1. **初情期**　是母牛第一次发情和排卵的时期。奶牛的初情期一般在6～12月龄。

2. **最佳初配年龄**　母牛的生殖器官生长发育到比较完全，有完整的发情表现，可排出能受精的卵子，形成有规律的发情周期，具备了繁殖能力，即为性成熟。奶牛的性成熟期在12～14月龄。此时母牛虽然已经具有了繁殖后代的能力，但尚未达到体成熟，不能参加配种。当母牛生长发育基本完成，其身体具备了成年牛的结构和形态，体重达到成年牛标准体重的70%以上时，即达到体成熟时方可配种。若营养状态良好，育成母牛15月龄基本达到体成熟。中国荷斯坦成年母牛标准体重为550千克，育成母牛的体成熟标准体重为385千克，此时为最佳初配年龄。

育成母牛过早配种受孕会对母牛后期生长发育产生不良影响。育成母牛未达体成熟而配种受孕，不仅会妨碍母牛自身的生长发育，造成母牛个体偏小，分娩时由于身体各器官系统发育不成熟而易于难产，而且还会使胎儿由于得不到充足的营养而体质孱弱，发育不良，甚至娩出死胎，母牛的产奶量低下。

(二)母牛的发情周期

发情周期指母牛初情期后，自第一次发情之日起到下一次发情开始前的这一时期。奶牛的发情周期一般为 21 天。处于发情期的母牛生殖器官及整个机体发生一系列周期性变化，其发情周期可分为发情前期、发情期、发情后期和间情期。

1. **发情前期** 此时母牛尚无发情表现，但其卵巢上的卵泡已开始发育，黄体逐渐萎缩，子宫腺体稍有生长，生殖道轻微肿胀。

2. **发情期** 此时母牛常有较强烈的发情表现，如互相爬跨，哞叫，食欲减退，产奶量下降等；卵泡迅速发育，子宫分泌黏液，子宫颈开张，外阴黏膜和阴蒂充血、肿胀。

3. **发情后期** 此时母牛由性兴奋转入安静状态，排出卵子，并形成黄体。子宫分泌出少而稠的黏液，子宫颈收缩。

4. **间情期** 此时母牛的表现恢复正常；卵巢上的黄体发育完全，子宫内膜增厚。

母牛发情一般持续 18 小时左右，常在发情结束后 6～18 小时排卵，一般右侧卵巢排卵居多，占 55%～60%，左侧卵巢排卵占 40%～45%。以单侧卵巢排卵为主，约占 90%。个别母牛有发情后期阴部流血现象。

(三)母牛的发情鉴定方法

1. **外部特征观察法** 处于发情期的母牛通常有明显的发情表现，如爬跨其他母牛或接受其他母牛的爬跨，臀部常有被爬跨的痕迹；有的母牛大声哞叫，采食量减少，产奶量下降。处于发情中期的母牛，阴部流出黏稠而透明的液体，呈玻璃棒状；外阴黏膜和阴蒂渐渐充血肿胀，颜色由浅红色变为深红色乃至深紫色，至发情后期，其肿胀程度又渐渐消退，颜色由深变浅。

2. **直肠检查法** 将手伸入直肠，隔着肠壁触摸卵巢和卵泡的形态与大小，可判断母牛的发情及发情程度。如摸到有黄豆大小的卵泡突出于卵巢表面，即可判定母牛已发情；如摸到卵泡明显突出于卵巢表面，若其表面紧张且有波动感，呈熟透的葡萄样，说明卵泡已成熟，即将排卵；如摸到卵泡破裂，有一小坑（此坑称为卵窝），表明已经排卵；排卵 6 小时后，从卵窝处可摸到呈面团状的肉样柔软组织，即黄体。

（四）母牛的异常发情

1. **安静发情（隐性发情）** 母牛无明显发情特征和发情表现，但其卵巢上有卵泡发育成熟并排卵。这种情况常常被认为未发情而造成漏配。安静发情的主要原因可能是雌激素或孕激素分泌不足，营养不良或产奶量高等。生产中要特别注意安静发情的母牛，防止漏配，以免造成不必要的经济损失。

2. **久不发情** 母牛长期无明显发情表现，也不排卵。这是生产上常见的奶牛繁殖障碍，其主要原因可能是高产奶牛产后营养负平衡，卵巢或子宫疾病，暑期热应激或其他全身性疾病。

3. **假发情** 由于雌激素的作用，怀孕母牛常常有发情表现，因此配种前应进行妊娠检查，防止错配和造成流产。

4. **持续发情** 母牛往往发情表现强烈，连续几天发情不止，常见于卵巢囊肿或卵泡交替发育的母牛。

二、母牛的人工授精技术

（一）精液的选择

奶牛场技术人员购买公牛冷冻精液，常用小型液氮罐（3升）作为运输中的贮存工具。外购奶牛精液要结合本场牛群育种及改良计划有目的地进行。要选良种高产且育种值高的种公牛，要求种公牛的外貌评分优秀，父母系表现优良；公牛精液要求质量优良，镜检精子活力达 0.3 以上，方可成为选购目标。

（二）冻精的保存

为了保证贮存于液氮罐中的冷冻精液质量恒定，在贮存及取用时应做到以下几点。

第一，按照液氮罐保温性能定期添加液氮，罐内盛装贮精袋（内装细管或冻精颗粒）的提斗不得暴露在液氮面外。注意随时检查液氮存量，当液氮容量剩 1/3 时，需要添加。液氮罐口结霜，并且液氮的损耗量迅速增加是液氮罐损坏的迹象，要及时更换新液氮罐。

第二，从液氮罐取出精液时，提斗不得拿到液氮罐口外，可将提斗置于罐颈下部，用长柄镊夹取冻精，越快越好。

第三，液氮罐应定期清洗，一般每年 1 次。将贮精提斗向另一超低温容器转移时，动作要快，提斗在空气中暴露的时间不得超过 5 秒钟。

（三）输精时间

发情鉴定是人工授精的基础，其关键在于准确掌握输精时间。生产上采取上午（早晨）发情下午输精，第二天早晨再输 1 次；下午（晚班）发情第二天早晨输精，当天下午（晚班）再输 1 次。为了准确把握输精时间，一般可在母牛发情后期进行输精，此时母牛的发情表现已停止，发情特征已消失，黏液量少，呈乳白色糊状，牵缕性差。通过直肠检查可感到卵巢上的卵泡胀大，表面紧张，有明显波动感，好像熟透的葡萄，呈一触即破状态。如感到卵巢上出现小坑，说明已排卵，可立即追配。总之，发情鉴定既要看外表发情特征，又要结合直肠检查，才能准确掌握输精时间，提高奶牛受胎率。

（四）输精方法

1. **准备** 首先要将输精器具和母牛后躯清洗消毒，输精器具常用恒温（160℃～170℃）干燥箱消毒。其次用40℃温水解冻精液，并镜检精子活力。目前常用的冻精类型有2种：一种为颗粒型，另一种为细管型。颗粒型冻精解冻，通常把盛有解冻用稀释液（1～1.5毫升2.9%的二水柠檬酸钠溶液）的安瓿置入40℃温水中，再放入冻精颗粒于稀释液安瓿中；而细管冻精则可直接把细管放入40℃温水中进行解冻。解冻后应镜检精子活力，确认合格后方可置入输精管（枪）备用。精液解冻后应立即使用，不可久置。

2. **操作步骤** 输精员清洗并消毒手及手臂，涂上凡士林，准备好输精器。输精时，一手插入母牛直肠，寻找并把握住子宫颈口处。同时直肠内手臂稍向下压，阴门即可张开；另一手持输精器械，向上斜插入一段后，再向下向前，左右手相互配合把输精管插入子宫颈。当遇有阻力时，不要硬插，以防损伤子宫颈。应缓缓推进并轻转输精管即可顺利插到子宫体内或子宫角基部，然后把精液注入子宫。输精完毕，稍按压母牛腰部，防止精液外流。

3. **器械清洗与消毒** 输精完毕，将所用器械清洗后消毒备用。

4. **输精量** 输精量一般1次1剂，若用二次复配法，则用2剂。如果能确定排卵时间，则可用一次配种法。

三、母牛的妊娠诊断技术

（一）外部观察法

不再发情是妊娠母牛最明显的表现。随着妊娠时间的增加，母牛食欲增强，被毛光泽，性情变得温驯，行动缓慢，腹围增大。在妊娠后半期(5个月左右)，腹部出现不对称，右侧腹壁突出；8个月以后，右侧腹壁可见到胎动。初孕母牛从妊娠3个月左右，乳房开始变大；经产牛在妊娠中期以后，乳房明显增大。外部特征在妊娠的中、后期才能表现明显的变化，一般作为辅助的诊断方法。

阴道检查也有助于判断母牛是否妊娠。母牛在配种后1个月，检查人员用开膣器插入母牛阴道，如感到有阻力，母牛阴道黏膜干涩、苍白、无光泽，子宫颈口偏向一侧、紧密闭锁，并有灰暗、浓稠的黏液栓塞封闭，则表明母牛已妊娠。

(二)直肠检查法

操作人员将手臂伸入母牛直肠，触摸子宫，根据子宫形态变化可判定母牛妊娠与否。本法简便、实用、准确率高。具体操作方法如下：未孕母牛子宫和卵巢均位于骨盆腔内，两子宫角大小相等，形态相似，弯曲如绵羊角状。有的经产母牛的右角稍大于左角。角间沟明显，触诊子宫有弹性，子宫角有收缩反应。卵巢上无妊娠黄体。妊娠1个月母牛的子宫角间沟清楚，孕角比空角粗、柔软而壁薄，绵羊角状弯曲不明显。触摸孕角一般不收缩，内有液体波动，像软壳蛋一样。孕侧卵巢上有妊娠黄体突出于表面。2个月时，角间沟不太清楚，孕角比空角大1倍以上，壁软而薄，液体波动明显，孕角的一部分进入腹腔，孕侧卵巢向前移动，进入耻骨前缘。3个月时，子宫角间沟消失，子宫颈前移，子宫垂入腹腔，整个孕角比排球稍小，内有明显液体波动，偶尔可摸到悬浮的胎儿，子宫壁软而不收缩。常可摸到孕牛子宫中动脉的搏动。

(三)7%碘酊测定法

取配种后23天以上母牛早晨尿液10毫升放入试管，加入 7%碘酊 1～2 毫升，观察反应 5～6 分钟。若混合液呈现棕褐色或青紫色，则可判定该牛已妊娠；若混合液颜色无变化，则判定该牛未妊娠。

四、母牛的分娩与助产技术

（一）预产期的推算

奶牛妊娠期一般为 280 天左右，相差 5～7 天为正常。生产上常按配种月份数减 3，配种日期数加 6 来计算预产期。若配种月份数小于 3，则直接加 9 即可。

（二）分娩与助产

1. **母牛的临产征兆** 产前半个月母牛的乳房开始膨大，并出现水肿，其水肿蔓延至整个乳房，且常常延伸至腹下。产前 1 周出现外阴水肿；产前 1～2 天阴道内流出大量的鸡蛋清样黏液，垂于阴门外。此时，母牛具有典型的临产特征，即骨盆韧带松弛，骨盆腔开张，从母牛臀部可清楚地观察到骨缝松开的塌陷痕迹，尾根双侧肌肉明显塌陷。多数母牛临产前神情不安，食欲下降，弓腰举尾，频频排尿，回头观腹，哞叫并频繁努责。

2. **母牛的分娩过程** 母牛的整个分娩过程可分为 3 个阶段，即开口期、产出期和胎衣排出期。

（1）**开口期** 从临产母牛阵缩开始，至子宫颈口完全开张为止。一般开口期持续时间约 6 小时，初产牛时间较长，经产牛时间稍短。此时母牛表现轻微不安，食欲下降，反刍不规则，尾根频举，常作排尿姿势，不时排出少量粪尿。

（2）**产出期** 从胎儿前置部分进入产道，至胎儿娩出为止。产出期持续时间约为 0.5～4 小时，初产牛时间稍长。此时母牛随着阵缩和努责的相继出现，并因阵痛表现不安，起卧不定，频频弓腰举尾作排尿状，不久即可出现第一次破水，常常先出现外层呈紫色的尿膜囊，待破裂后即可出现白色水泡（羊膜囊），羊膜囊随着胎儿向外排出而破裂，流出浓稠、微黄的羊水。母牛继续努责，使得胎儿前肢（后肢或一前肢为难产）伸出阴门外，经多次反复伸缩并露出胎头后，母牛出现第二次破水，尿膜囊破裂，流出黄褐色液体。伴随母牛的不断阵缩和努责，整个胎儿顺产道滑下，脐带则自行断裂。产科临床上的难产即发生在产出期。难产常常由于临产母牛产道狭窄、分娩无力，胎儿过大，胎位、胎势、胎向异常等多种因素所造成。因此，要及早做好接产和助产准备。

（3）胎衣排出期　从胎儿娩出到胎衣完全排出为止。此期持续时间为 2～12 小时，有的母牛持续时间还要长些。但胎衣排出时间不得超过 12 小时，过长为胎衣不下，应尽早采取治疗措施。

3. 助产技术要点　生产上多见母牛难产。造成难产的原因错综复杂，因此进行助产时要摸清情况，灵活使用各种助产方法，确保母犊平安。

第一，严格消毒。助产时，操作人员的手臂、母牛的后躯及外阴部，所有接产和助产器械均应严格清洗与消毒，尽量减少对产道造成损伤和污染，以保证母牛产后繁殖功能尽快恢复。尤其在用产科器械助产时，要用手护住产道，避免损伤。

第二，助产时一定要摸清胎儿在产道中的具体位置，以及胎位、胎势、胎向有无异常，以便及早纠正，确定助产方案。胎儿情况不明，胎位、胎势、胎向未纠正时，严禁牵拉胎儿，以防使难产程度加重。

第三，助产时如遇分娩无力，产道狭窄，胎儿过大，可试行人工牵拉胎儿。当牵拉无效时可行截胎或剖腹产。严禁用机械牵拉胎儿，以防损伤产道，造成母牛大出血而死亡。

第四，尽可能用矫正胎位、胎势、胎向方法由产道娩出胎儿，除非必要，一般不施行剖腹产。

五、母牛的繁殖管理技术

（一）母牛产犊间隔调控

奶牛的产犊间隔是指奶牛 2 次分娩之间的间隔天数，又称为胎间距。

1. 适宜的产犊间隔 奶牛的适宜产犊间隔是 365 天，即奶牛在产后 85 天内配种妊娠，经 280 天的妊娠产犊，即可以达到 1 年 1 胎，其泌乳期 305 天，干奶期 60 天。许多国家将 1 年 1 胎的产犊间隔（365 天）作为奶牛场最佳经济效益的繁殖学指标。

2. 影响母牛产犊间隔的因素

（1）子宫和卵巢恢复情况 若母牛产后子宫复原状况良好，卵巢卵泡发育和排卵正常，则母牛易于发情、受孕；反之，若母牛子宫复原时间延长，卵巢卵泡发育和排卵功能未能恢复，则母牛发情、受孕相应推迟。

（2）安静发情 产后母牛一般在 40～60 天即能够排出具有正常受精能力的卵子，但安静发情率高易导致漏配，延误受胎。

（3）热应激 当环境温度到 28℃以上时，母牛受胎率下降，胎间距延长。

（4）疾病 某些代谢病，如酮血症、乳酸中毒等，常使奶牛产后不能正常发情、受孕。某些传染病，如结核病、口蹄疫等，其病原微生物往往破坏母牛的生殖系统的功能，使母牛久不发情。

3. 母牛产犊间隔调控的措施

(1)*加强母牛分娩管理*　要建立产房常规消毒制度，保持牛舍、牛床、牛体清洁卫生。对有临产征兆的母牛用消毒液清洗后躯及外阴，接产、助产人员手臂与器械严格消毒，尽量防止对母牛产道造成损伤和感染。

(2)*做好母牛产后监控*　分娩时要做好记录，对分娩正常与否，产道有无损伤和出血以及有无人为污染等，胎衣是否正常排出，有无子宫脱垂和产后瘫痪等都应做详细记载。产后1周内注意观察恶露排出情况，注意其颜色、气味、内容物有无异常。产后2周注意恶露变化。产后3～4周直肠检查母牛子宫复原和卵巢功能恢复情况。产后30～45天对母牛进行第一次全面产科检查，重点检查母牛子宫复原和卵巢功能恢复情况。45～60天进行第二次产科检查，发现问题，及时采取治疗措施。

(3)*防治围产期母牛疾病*　酮病(酮血症)、低血钙症、子宫炎、胎衣不下、真胃变位和产后败血症等是常见的围产期母牛疾病。这些疾病的发生，常常影响母牛产后正常采食，造成营养缺乏，母牛体质下降，子宫复原时间延长，卵巢功能异常，导致母牛繁殖力下降。因此，要及时防治围产期母牛疾病，提高母牛繁殖水平。

(4)*防治奶牛热应激*　奶牛日粮中添加2%碳酸氢钠可有效缓解热应激。夏季增加饮水和饲喂优质牧草，改善奶牛生活环境，牛场四周植树造林，加强牛舍通风换气，牛体喷雾降温，保持牛舍牛床清洁、干燥、卫生，均可缓解奶牛暑期热应激反应。

（二）奶牛群结构

1. **牛群结构** 即牛群中成年母牛和后备牛所占比例。确切地说，牛群中成年母牛、青年牛、育成牛、犊牛所占比例为牛群结构。牛群结构包含了2个方面的内容：一是成年母牛所占整个牛群的比例；二是成年母牛的平均胎次。成年母牛占全牛群比例大，则牛群产奶牛多，生产效率高；后备牛饲养量小，饲养负担轻，生产成本也相应低。成年母牛平均胎次反映了牛群生产力高低及老化程度。

2. **决定牛群结构的因素** 要考虑以下各方面因素：第一，牛群是发展，还是维持现有规模。如要发展牛群规模，则需要扩大后备牛留存比例。第二，牛群产母犊多少，成活率高低。母犊成活率高，则牛群后备牛可以相应增多，牛场就有了发展余地。第三，成年母牛数量多少，胎次高低，病、死、售出情况。第四，每头成年母牛所承担利润的多少。第五，市场因素，即一定时期内市场上鲜奶价格和售牛价格，由此而决定是售奶留牛，还是售牛。

3. **适宜的牛群结构** 一般来讲，在不准备扩大牛群的情况下，每年可从成年母牛群中淘汰老弱病残牛8%～10%和低产牛5%～10%。淘汰的牛要由后备牛补充以保持产奶牛数量。因此，每年应向成年牛群补充后备牛15%～20%。为了提高后备牛群质量，后备牛数应是成年牛数的20%～30%，犊牛数应是成年牛数的30%～40%。生产实际中常把成年母牛所占牛群比例定在60%左右，成年母牛平均胎次为3.5～4胎。同时，牛群的结构调整要按养牛单位的具体情况来定，根据市场情况和生产要求灵活掌握。

（三）繁殖记录及统计报表管理

建立发情、配种、妊检、流产、产犊、产后监护及繁殖障碍牛的检查和处理等记录。原始记录必须真实，一定要认真统计各项繁殖指标，做到数字准确。建立繁殖月报、季报和年报制度，定期考核以下各项技术指标：年总受胎率、年情期受胎率、年繁殖率、年犊牛成活率、年繁殖成活率和平均胎间距等。

（四）提高母牛繁殖率的技术关键

1. **科学的饲养管理** 实行科学饲养，搞好奶牛日粮的营养平衡，供给全价饲料，按母牛的不同生理时期和不同生产阶段，合理调整日粮营养结构，保证母牛达到中等或中等偏上膘情。在高产奶牛日粮中添加过瘤胃脂肪、碘、铜、硒和钼以及维生素 A、维生素 D、维生素 E 等营养成分，可有效预防母牛繁殖障碍，提高繁殖率。严防饲料中毒，尤其是黄曲霉毒素会造成成年母牛全身组织器官出血、淤血，引发奶牛死亡、流产和死胎等不良反应。棉籽饼中含有毒棉酚，对奶牛生殖细胞形成和胚胎发育有不良影响，应严格控制使用量。菜籽饼中含有有毒芥子苷，饲喂不当易造成奶牛中毒，应尽可能不喂。

生产上要为母牛创造一个舒适、安静、清洁卫生、冷暖适宜的优良环境。合理调整牛群饲养密度，防止过度拥挤。做好运动场、牛舍的日常卫生和消毒管理，及时清除粪尿、砖石，严防泥泞积水。加强高产奶牛围产期监控，及时治疗产科疾病并预防接产、助产感染。要定期对产后母牛进行全面产科检查，做好母牛产后子宫复原和卵巢功能恢复状况的监控，发现异常，及时采取相应措施。尤其对分娩后 60 天仍未见发情和排卵的母牛，要重点检查，找出病因，及早处理。

2. **准确鉴定母牛发情和适时授精** 每天早、中、晚细心观察牛群，及时发现发情母牛，结合直肠检查，做好发情鉴定，合理安排输精时间和次数。严格执行人工授精操作规程，熟练输精操作技术，严防损伤母牛生殖道。所授精液要准确输到要求部位，提高母牛受胎率。

3. **严格把握种公牛精液质量** 保证冻精解冻后精子活力在0.3以上，精子密度达到授精要求。凡是质量低劣，达不到人工授精标准的精液应弃之不用。每次配种前也应对所用精液进行镜检，发现问题，及时处理。

4. **孕牛早期妊娠诊断** 对孕牛进行早期妊娠诊断，可以防止对未孕牛漏配和对已孕牛错配，并及时做好保胎、护胎工作，防止早产、死胎，提高母牛繁殖率。

思考题

1. 育成母牛何时进行首次配种？
2. 奶牛发情后最佳的输精期在何时？
3. 如何选购冷冻精液？
4. 奶牛预产期如何推算？
5. 如何提高母牛繁殖率？

第三章　奶牛的饲料

一、奶牛常用饲料及加工处理

我国养牛生产中习惯将牛饲料分为粗饲料、精饲料、矿物质饲料和添加剂饲料。

(一)粗饲料及加工处理

粗饲料主要指青绿饲料、秸秆及秕壳以及用其制作的青贮、干草等。糟渣类饲料常被称作副料，包括酒糟、粉渣、豆腐渣和玉米淀粉渣等，也属于粗饲料。

1. **青绿饲料**　指天然水分含量在60%及以上的青绿、多汁植物性饲料，其含粗蛋白质较丰富，对奶牛的生长、繁殖和泌乳有良好的作用，并含有丰富的维生素，具有轻泻和保健作用。青绿饲料包括野青草、人工栽培牧草、树叶和叶菜类饲料以及水生植物饲料等。

青绿饲料的干物质含量低，饲喂不超过日粮干物质的20%。为了保证青绿饲料的营养物质不受或少受损失，适时收割非常重要，一般禾本科牧草在孕穗期刈割，豆科牧草在初花期刈割。松针粉含粗纤维较高，且有特殊的气味，不宜多喂。有的树叶含有单宁，有涩味，适口性不佳，必须加工调制后再喂。水生植物饲料要洗净并晾干表面的水分后再喂，将其打浆后拌料喂给奶牛也很好。叶菜类饲料中含有的硝酸盐在堆贮或蒸煮过程中常被还原为亚硝酸盐，易引起牛中毒，甚至死亡，故饲喂量不宜过多。幼嫩的高粱苗、亚麻叶等含有氢氰酸，会引起中毒，喂前晾晒或青贮可预防中毒。幼嫩的牧草或苜蓿应少喂，以防瘤胃臌气病的发生。

铡短和切碎是青绿饲料最简单的加工方法。经此法加工的饲料不仅便于牛的咀嚼和吞咽，还能减少浪费。一般青绿饲料可以铡成 3～5 厘米；块根块茎类饲料加工成小块或薄片即可，以避免牛发生食道梗塞，还可缩短牛的采食时间。

2. **秸秆及秕壳**　秸秆包括各种农作物收获后所剩余的部分，如干玉米秸、稻草、麦秸和谷草等；秕壳为子实脱离时分离出的夹皮和外皮等。一般都放在田间或户外，常在雨淋日晒之下，很容易受潮霉坏。再加上自然环境、栽培条件以及作物品种的不同，其营养价值变化很大。玉米秸、稻草在我国数量巨大，但其中蛋白质、维生素含量低，单独饲喂时，牛瘤胃中微生物生长、繁殖受阻，影响饲料的发酵，难以满足牛对能量和蛋白质的需要。应适当补饲并结合适当的加工处理（如氨化等），才能提高牛对秸秆的消化利用率。

（1）常见的种类　包括：玉米秸、麦秸、稻草、谷草、豆秸、豆荚、谷类皮壳和棉籽壳等。

（2）氨化处理技术　在农区，农作物秸秆丰富，而青、干草相对较少。可用氨化麦秸或氨化玉米秸代替部分青、干草，对奶牛产奶量和乳脂率无不良影响。氨化处理可使秸秆质地柔软、气味煳香、适口性增强，奶牛消化率提高，采食量可提高30％以上。氨化能使农作物秸秆含氮量增加 1～1.5 倍，奶牛瘤胃中的微生物能利用这些非蛋白氮合成菌体蛋白，进入真胃和小肠后被消化吸收转化成体蛋白，粗纤维消化率可提高21％。氨化用的麦秸、玉米秸和稻草等，一般铡短至 2～3 厘米长。

①堆贮法：适用于液氨处理和大量生产。先将 6 米×6 米

塑料薄膜铺在地面上，在上面垛秸秆。草垛底面积为5米×5米为宜，高度接近2.5米。要求秸秆原料含水量20%～40%（一般干秸秆仅含10%～13%），边码垛边均匀地洒水，使秸秆含水量达到30%左右。码到0.5米高处，于垛上面分别平放直径10毫米、长4米的硬质塑料管2根，在塑料管前端2/3长的部位钻若干个直径为2～3毫米的小孔，以便充氨。后端露出草垛外面约0.5米长。通过胶管接上氨瓶，用铁丝缠紧。堆完草垛后，用10米×10米塑料薄膜盖严，四周留下0.5～0.7米宽的余头。在垛底部用一长杠将四周余下的塑料薄膜上下合在一起卷紧，以石头或土压住，但输氨管外露。按秸秆重量3%的比例向垛内缓慢输入液氨。输氨结束后，抽出塑料管，立即将余孔堵严。

②窖贮法：适用于氨水和尿素处理的中、小规模生产。氨水用量按3千克÷（氨水含氮量×1.21）计算。如氨水含氮量为15%，每100千克秸秆需氨水量为3千克÷（15%×1.21）=16.5千克。尿素用量见小垛法。

③小垛法：适用于尿素处理和农户少量生产制作。在庭院内向阳处地面上铺2.6米^{2}塑料薄膜，取3～4千克尿素，溶解在40～55升水中，将尿素溶液均匀地喷洒在100千克秸秆上，堆好踏实。最后用13米^{2}塑料布盖好封严。小垛氨化以100千克为一垛，占地少，易管理，塑料薄膜可连续使用，投资少，简便易行。

氨化的时间应根据气温和感观来确定。一般1个月左右，根据气温确定氨化天数，并结合查看秸秆颜色变化，变褐黄即可。一般经2～5天自然通风将氨味全部放掉，呈煳香味时才能饲喂，如暂时不喂可不必开封放氨。

3. **青贮饲料**　青贮饲料是奶牛日粮中不可缺少的部分，

在粗饲料加工中青贮饲料保存的营养物质最高(90%),可解决冬季青饲料供应不足的问题,在密封状态下可以长年保存,制作简便,成本低廉。青贮的关键是在厌氧环境中,保证乳酸菌迅速繁殖,产生足够的乳酸,抑制有害菌增殖,杜绝腐败霉变,否则就会影响青贮饲料品质,降低营养价值和适口性。

(1)一般青贮的制作方法

①青贮设备:以窖贮形式为多,包括地下式和半地下式2种。地下水位低、土质坚硬地区宜采用地下式;地下水位高或沙石较多、土层较薄的地区宜采用半地下式。长方形窖,内壁呈倒梯形,窖四角做成圆形,便于原料下沉。土窖壁要光滑,如果利用时间长,最好用水泥抹面做成永久性窖。半地下窖内壁上下要垂直,窖底像锅底,先把地下部分挖好,再用湿黏土、土坯、砖或石块等向上垒起1米高,地上部分窖壁厚应不小于0.7米,以防透气。

青贮窖的宽、深取决于每日饲喂青贮的量,通常以每日取料的挖进量不少于15厘米为宜。在宽度和深度确定后,根据青贮的容重(表3-1)和青贮需要量,计算出青贮窖的长度(图3-1)。

表3-1 几种青贮原料容重 (千克/米^3)

原料	铡得细碎		铡得较粗	
	制作时	利用时	制作时	利用时
玉米秸	450~500	500~600	400~450	450~550
藤蔓类	500~600	700~800	450~550	650~750
叶、根茎类	600~700	800~900	550~650	750~850

②常用的青贮原料:玉米带穗青贮,即在玉米乳熟后期

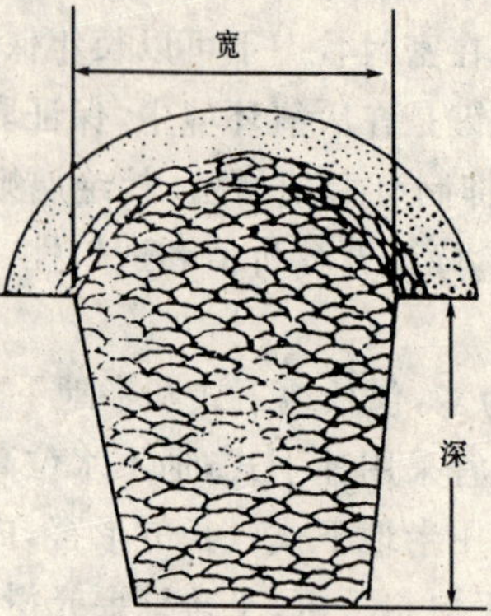

图 3-1 地下式青贮窖

收割，将茎叶与玉米穗整株切碎进行青贮，这样可以最大限度地保存蛋白质、糖类和维生素，使成品具有较高的营养价值和良好的适口性，是奶牛的优质饲料。玉米带穗青贮含有43%左右的子实，饲喂奶牛，只需适当添加蛋白质和无机盐等营养成分就可满足奶牛的产奶需要，比玉米子实加玉米秸秆饲喂的效果好。

玉米秸青贮是收获果穗后的玉米秸上能保留 1/2 的绿色叶片，适于青贮。若部分秸秆发黄，3/4 的叶片干枯为青黄秸，青贮时每 100 千克需加水 5～15 升。目前已培育出收获果穗后玉米秸全株保持绿色的玉米新品种，很适合做青贮。为了提高蛋白质含量，可加入 0.5%尿素进行青贮，使玉米青贮粗蛋白质含量达到 12%～13%。饲喂尿素青贮，开始时会影响奶牛的食欲，要有 15 天的过渡期。

另外，甘薯蔓和各种青草等都适合做青贮。

③青贮的制作：分为以下几个步骤。

第一，适时刈割原料。青贮原料过早刈割，水分多，不易贮存；过晚刈割，营养价值降低。收获玉米后的玉米秸应尽快青贮，不可长期放置。禾本科牧草在抽穗期，豆科牧草在孕蕾及初花期刈割为好，含水量超过 70%时应将原料适当晾晒到含水 60%～70%再做青贮。

第二，切短。细茎牧草以 7～8 厘米为宜，而玉米等较粗的作物秸秆最好不要超过 1 厘米，国外要求为 0.7～0.8 厘米。

第三，装填。选择晴好天气进行，尽量当天装完一窖，防止雨淋变质。装填时要逐层铺平、压实，特别是容器的四壁要压紧。如是土窖，四壁和底要衬上塑料薄膜(永久性窖可不铺衬)，先在窖底铺 1 层 10 厘米厚的干草，以便吸收青贮液汁，然后把铡短的原料逐层装入、压实。由于封窖数天后青贮料会下沉，因此最后一层应高出窖口 0.5～0.7 米。

第四，封严及整修。原料装填完毕后要及时封严，防止漏水、漏气是保证质量的关键。青贮窖可先用塑料薄膜覆盖，然后用土封严，四周挖排水沟。封顶后 2～3 天，在下陷处填土，使其紧实隆凸。

(2)*地面堆贮*　这种形式贮量较少，保存期短，适用于小型养牛场。选择干燥、平坦的地方，最好是水泥地面，先按设计好的堆形用木板隔挡四周，也可以在四周临时垒上矮墙，铺一塑料薄膜后将铡短的原料装入，并随时踏实。达到要求高度后，拆去围板，四围用塑料薄膜盖严，一般堆高 1.5～2 米，宽 1.5～2 米，长 3～5 米(图 3-2)。顶部用泥土或重物压紧。

(3)*塑料袋青贮*　是小型奶牛专业户最好的饲料青贮方法之一，既不需要大型机械设备，也不需多大投资，方法简单易行，又便于取用。袋的大小和数量根据奶牛的饲养量而定，青贮方法和原理与一般青贮法相同。但塑料袋青贮要注意底部装实和边角压紧。装填紧实后封口扎好，放在院落空闲处

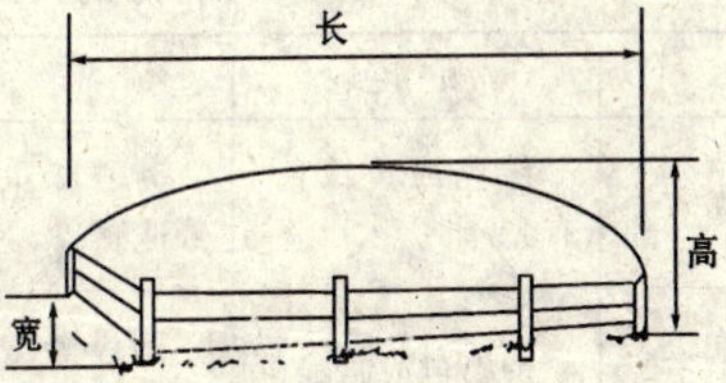

图 3-2　地面堆贮

备用。贮备期间，要经常检查，防止漏气。国内有长、宽各1米，高2.5米的塑料袋，可装750～1 000千克青贮玉米，一个成品塑料袋能使用2年，在此期间内可反复使用多次。

(4)特殊青贮饲料的制作

①低水分青贮：亦称半干青贮，其干物质含量比一般青贮饲料高1倍多。无酸味或微酸，适口性好，色深绿，养分损失少。制作低水分青贮时，青饲料原料应迅速风干，要求在收割后24～30小时内，含水量豆科牧草达50%左右，禾本科牧草45%，在低水分状态下装窖、压实和封严。

②混合青贮：常见于豆科牧草与禾本科牧草混合青贮，或含水量较高的牧草(如鲁梅克斯草、紫云英等)和非常规饲料与作物秸秆(玉米秸、麦秸、稻草等)的混合青贮。

豆科牧草与禾本科牧草混合青贮的比例以1∶1.3为宜。含水量较高的牧草与秸秆进行混合青贮时，每100千克牧草需加秸秆量为(牧草的含水量－理想含水量)÷(理想含水量－秸秆的含水量)×100千克。

(5)青贮饲料的质量评定　主要根据色、香、味和质地判断青贮饲料的品质，鉴定标准见表3-2。

表3-2　青贮饲料品质鉴定标准

	颜色	气味	质地结构
优等	绿色或黄绿色，有光泽	芳香味重，给人以舒适感	湿润、松柔、不粘手，茎、叶、花能分辨清楚
中等	黄褐色或暗绿色	刺鼻醋酸味，芳香味淡	柔软、水分多，茎、叶、花能分清
低等	黑色或褐色	有刺鼻的腐败味、霉味	腐烂、发黏、结块或过干，分不清结构

(6)青贮饲料的饲喂技术　一般青贮在制作45天后即可开始取用，饲喂应由少到多逐渐过渡，让奶牛有10天左右的适应期，泌乳牛日喂量20千克左右。

4. 干草　青绿饲料在尚未结籽以前刈割，经日晒或人工干燥制成，干草较好地保留了青绿饲料的养分和绿色，是奶牛的重要粗饲料。优质干草叶多，适口性好；蛋白质含量较高，胡萝卜素、维生素D、维生素E及无机盐含量丰富。粗蛋白质含量禾本科干草为7%～13%，豆科干草为10%～21%；粗纤维含量高，约为20%～30%；所含能量物质为玉米的30%～50%。干草是奶牛日粮中不可缺少的饲料，而目前有相当一部分养殖户奶牛日粮中缺少干草，粗饲料只是单纯的玉米青贮和干玉米秸秆，造成产奶量低且奶品质下降。

(1)青干草的制作方法　一般采用自然晒制法。在田野间晒制干草，可根据当地气候、牧草生长、人力及设备等条件采用平铺晒草、小堆晒草，或者二者结合等方式进行，以能更多地保存青饲料中的养分为原则。

在我国南方气候比较潮湿，草类生长繁茂，或北方夏秋之交晒制伏草的情况下，青草刈割以后，即可在原地或另选一地势较高处将青草摊开曝晒，每隔数小时，结合当时气候及牧草含水情况，适当翻晒以加速水分的蒸发。一般早上刈割，到傍晚叶片已经凋萎，估计水分已降低到50%左右时，就可把青草用耙收集成高约1米的小堆，任其在小堆内逐渐风干；如天气恶劣，则小堆外层最好盖以草帘或塑料布，以防止雨水冲淋，待天气晴朗时，再倒堆翻晒，直到干燥为止。

我国东北、内蒙古等草原地区，草场面积大，地势平坦，可采用割草机刈割。割下的青草可就地曝晒数小时，最多10余小时，然后用搂草机自刈割行侧面或垂直面将青草搂集成高约 30 厘米的草垄，在草垄内使水分下降到 20%～25%，即抓一把草能打成草绳，既不断裂也不出水时，便可运回牛舍附近堆积成大堆，最后完成干燥过程。

我国北部地区雨量较少，植被稀疏，特别在秋末、冬初的打草季节，牧草本身的含水量一般仅 50%左右，刈割后应直接搂成草垄，或集成小堆，进行风干，然后在小堆内阴干2～3天，当水分下降到 20%左右时，即可堆成大垛。晒草的整个过程，都应该尽量减少翻动和搬运，以减轻机械作用造成的营养物质损失。

如果人力充足，晒制栽培的牧草，如苜蓿、紫云英、苕子等也应提倡先平铺曝晒后再小堆干燥，以便最大限度的保存青绿饲料的养分，提高干草的品质。

(2)干草的品质鉴定与贮藏　对于经常购买干草的养殖户，掌握其品质鉴定与贮藏的基本知识非常重要。

①品质鉴定：干草的品质应从干草的植物组成、生长期、颜色、气味和含水量等方面进行鉴定。

第一，植物组成。优质干草中豆科牧草占的比例大，不可食草不超过 5%；中等干草中禾本科和其他可食草比例较大，不可食草不超过 10%；劣等干草中除豆科、禾本科以外的其他可食草较多，不可食草不超过 15%。

第二，生长期。如有花蕾，表示收割适时，品质优良；如有大量花序，尚未结籽，表示收获在开花期，品质中等；如发现大量种子，表示收获过晚，营养价值不高。

第三，颜色和气味。优等干草鲜绿色，气味芳香；中等干草淡绿色或灰绿色；次等干草微黄或淡褐色；劣等干草暗褐色，草上有白灰，具有霉味。

第四，含水量。含水量在 15%以下为干燥，用手轻轻揉搓，发出碎裂声，并易折断；含水量在15%～17%之间为中等干燥，用手扭折时，草茎破裂，稍压有弹性而不断；含水量在17%～20%之间为较湿，用手扭断时，草茎不易折断，并溢出水来，不能保存。

总之，优等干草中豆科牧草占的比例较大，色青绿，有光泽，气味芳香，样品中有花蕾出现（孕穗），含水量在17%以下；良好干草的植物学组成评定为中等，颜色淡绿，无霉味，在样品中有大量花序而未结籽，含水量在17%左右；次等干草或等外干草植物学组成为劣等，颜色微黄或灰褐色，样品中有大量种子，含水量高于17%。如果有害植物超过1%以上，泥沙杂质过多，干草颜色为暗褐色，已发霉变质，则不能饲用。

②贮存：干草贮存不当会使品质下降，甚至霉烂。要贮存的干草必须完全晒干，如果水分含量高达20%或30%，草堆容易在氧化过程中升温超过40℃，甚至高达70℃，乃至引起火灾。堆放的地方要向阳、干燥、防雨、防潮。上面要加顶封盖，上盖稿秆、草帘或塑料薄膜。草堆底部垫以石头或树枝，便于通风干燥。否则，上面雨淋，下面潮湿，最易发生霉烂。最好修建干草棚，采取四周砖柱上面盖瓦或用石棉瓦做顶，高度5～7米。贮存良好的干草，除胡萝卜素易损失外，其他如粗蛋白质、粗脂肪等营养价值都可较长时间保持不变。

5. **糟渣类饲料**　是酿造、淀粉及豆腐加工行业的副产品，主要包括酒糟、豆腐渣、酱油渣及粉渣，可作为奶牛的粗饲料，如果按干物质中的粗蛋白质含量计算，应把它列入蛋白质饲料类。其主要特点是水分含量高达70%～90%，干物质中蛋白质含量为25%～33%，B族维生素丰富，还含有维生素B_{12}以及一些有利于动物生长的未知因子。

(二)精饲料及加工处理

精饲料是能量饲料和蛋白质饲料的总称。

1. **能量饲料** 包括谷实类及其加工副产品(糠麸类),块根、块茎类和瓜果类等。

(1)谷实类饲料 该类饲料大多是禾本科植物成熟的种子,主要包括玉米、小麦和燕麦,其主要特点是适口性好,可利用能量高,粗蛋白质含量低(一般在10%左右),钙低磷高,钙磷比例不当。根据奶牛不同生理阶段,饲喂量一般占精饲料的50%左右。

(2)糠麸类饲料 此类饲料为谷实类饲料的加工副产品,主要包括麸皮和米糠等。其共同的特点除能量较低外,其他各种养分含量均较其他原料高。根据奶牛不同生理阶段,饲喂量一般占精饲料的5%～20%。

(3)块根、块茎及瓜果类饲料 主要包括甘薯、马铃薯和木薯等。按干物质中的营养价值来考虑,属于能量饲料。

胡萝卜也为能量饲料,但其水分含量高,容积大,含有丰富的胡萝卜素,一般多作为冬季调剂饲料,而不作为能量饲料使用。

(4)其他 糖渣是制糖工业的副产品。其主要成分为糖类,蛋白质含量较低,无机盐含量较高,维生素含量低,水分高,能值低,具有轻泻作用。奶牛用量宜占日粮的5%～10%。

2. **蛋白质饲料** 指干物质中粗纤维含量在18%以下,粗蛋白质含量在20%以上的饲料。根据其品质的不同和奶牛不同生理阶段,蛋白质饲料一般占日粮精料的15%～30%。奶牛常用的有植物性蛋白质饲料、单细胞蛋白质饲料和非蛋白氮饲料等。反刍动物禁用动物性蛋白质饲料。

(1)植物性蛋白质饲料 主要包括饼粕类及玉米加工副

产品等。饼粕类饲料是豆科及油料作物子实制油后的副产品。压榨法制油的副产品称为饼，溶剂浸提法制油后的副产品称为粕。生产中常用的有大豆饼粕、棉籽饼粕、花生饼粕、菜籽饼粕。

另外还有胡麻饼粕、芝麻饼粕、葵花籽饼粕都可以作为奶牛蛋白质补充饲料。玉米加工副产品主要有玉米蛋白粉、玉米胚芽饼和玉米酒糟等。

(2)单细胞蛋白质饲料　主要包括酵母、真菌及藻类。以酵母最具有代表性，其粗蛋白质含量40%～50%，生物学效价较高，含有丰富的B族维生素。奶牛日粮中用量一般不超过10%。

(3)尿素及其他非蛋白氮饲料　尿素含氮46%左右，其蛋白质当量为288%，按含氮量计，1千克含氮为46%的尿素相当于6.8千克含粗蛋白质42%的豆饼。尿素的溶解度很高，在瘤胃中很快转化为氨，尿素饲喂不当会引起致命性的氨中毒。因此使用尿素时应注意以下几点。

第一，瘤胃微生物对尿素的利用有一个逐渐适应的过程，尿素的用量应逐渐增加，应有2～4周的适应期，以便保持奶牛的采食量和产奶量。

第二，只能在6月龄以上的奶牛日粮中使用尿素，因为6月龄以下奶牛瘤胃尚未发育完全。奶牛在泌乳初期尿素用量应受限制。

第三，尿素不宜单喂，应与其他精料搭配使用。也可调制成尿素溶液喷洒或浸泡粗饲料，或调制成尿素青贮料，或制成尿素颗粒料、尿素精料砖等。

第四，不可与生大豆或含脲酶高的大豆粕同时使用。

第五，禁止将尿素溶于水中饮用，喂尿素1小时后再给牛饮水。

第六，尿素的用量一般不超过日粮干物质的1%，或每100千克体重15～20克。

第七，注意氨的中毒。当瘤胃中氨的水平上升到80毫克/毫升，血氨浓度超过5毫克/毫升就可出现中毒，一般表现为神经症状，肌肉震颤，呼吸困难，反复出现强直性痉挛，几小时内发生死亡。灌注食醋或醋酸中和氨或用冷水使瘤胃降温可以防止死亡。为降低尿素在瘤胃中的分解速度，改善尿素氮转化为微生物氮的效率，防止牛尿素中毒，可采用缓释型非蛋白氮饲料，如糊化淀粉尿素、异丁基二脲、磷酸脲或羟甲基尿素等。

3. 精饲料的加工处理

(1)粉碎　玉米、小麦等整粒直接饲喂奶牛，消化率低，导致未经消化的整粒或碎片随牛粪排出体外。经粉碎后的子实既便于咀嚼，也增加了饲料与消化液的接触面，从而提高饲料的消化率。

磨碎过细的饲料，奶牛咀嚼不良，甚至不经咀嚼即行吞咽，造成与唾液混合不良，会妨碍消化，特别是小麦粉极易糊口，在消化道中形成很黏的面团状物不利于消化。磨得太粗又达不到饲料粉碎的目的。一般奶牛饲料粒径在2毫米左右为宜。另外，子实类饲料经粉碎后，与空气的接触面积增加，容易吸湿返潮和氧化，尤其含脂肪丰富的子实，若粉碎后贮存不当，易变质且带苦味。因此，一次粉碎数量不宜过多。

(2)浸泡　油饼类、谷类子实等经水浸泡后，因吸收水分而膨胀柔软，所含有毒物质和异味均可减轻，适口性提高，也容易咀嚼，从而利于奶牛胃肠的消化。用水量随浸泡饲料的目的不同而有差异，以泡软饲料为目的时，一般料水比为1∶1～

1.5，即以手握饲料指缝浸出水滴为准，饲喂前不需脱水，可直接饲喂。而以溶去有毒物质为目的时，料水比应达到1∶2左右，饲喂前应滤去未被饲料吸收的水分。浸泡时间长短应随环境温度及饲料种类不同而异，以不引起饲料变质为原则。豆类饲料蛋白质含量高，夏天易腐败而产生有害物质，故不宜浸泡。

(3)蒸煮和焙炒　蒸煮或高压蒸煮均可进一步提高饲料的适口性。大豆经过蒸煮和焙炒可破坏其中的抗胰蛋白酶，从而提高大豆的消化率和营养价值。一般来说，奶牛因有瘤胃微生物的作用，精料不需加热处理，但犊牛除外。

(三)矿物质饲料

矿物质饲料一般指为奶牛提供食盐、钙源和磷源的饲料。反刍动物禁用骨粉等动物性饲料。

1. **食盐**　补充植物性饲料中钠和氯的不足，提高饲料的适口性，增加食欲。奶牛喂量占精料的1%～2%。

2. **石粉**　是廉价的钙源，含钙量为33%～38%。奶牛喂量占精料的1%～2%。

3. **磷酸钙**　磷酸氢钙中磷的含量18%以上，含钙不低于23%；磷酸二氢钙含磷21%，钙20%；磷酸钙(磷酸三钙)含磷20%，钙39%，是常用的无机磷源饲料。奶牛喂量占精料的1%左右。

(四)饲料添加剂

饲料添加剂是指在配合饲料中加入的各种微量成分。其作用是完善饲料营养，提高饲料的利用率，促进奶牛的生产性能发挥和预防疾病，改善乳产品品质等。奶牛饲料中必须添加微量元素、维生素和碳酸氢钠等。

1. **微量元素添加剂**　主要是补充日粮中微量元素的不

足。奶牛日粮中需要补充的7种微量元素是铁、铜、锌、锰、钴、碘和硒。应选用不同生理时期(如育成牛、产奶牛或干奶牛等)的奶牛专用微量元素添加剂，切不可用猪、鸡等添加剂代替。

2. **维生素添加剂** 成年牛的瘤胃可以合成维生素K和B族维生素，肝、肾中可合成维生素C，一般除犊牛外，不需额外添加，只添加维生素A、维生素D和维生素E。维生素A、维生素E直接影响繁殖性能，因此饲料中一定要添加。

3. **碳酸氢钠** 又称小苏打，主要作用是调节瘤胃酸碱度，增进食欲，保证奶牛健康和提高生产性能，特别是大量使用青贮饲料或精饲料的产奶牛，一定要添加。碳酸氢钠添加量占精料混合料的1.5%。氧化镁作用效果同碳酸氢钠，二者同时使用效果更好，用量占精料混合料的0.8%。

4. **烟酸** 属于B族维生素，既可从饲料中摄取，也可由瘤胃内微生物合成。但对高产奶牛饲料添加是必要的，其作用为：第一，可预防酮病；第二，可促进瘤胃内菌体蛋白的合成；第三，可提高产奶量、乳脂率和乳蛋白水平。每头奶牛的适宜添加量为每日6克。一般应用于泌乳初期或日产奶量38千克以上的经产奶牛和日产奶量27千克以上的初产奶牛、酮病多发的牛群和添加油脂的日粮。

5. **双乙酸钠** 是乙酸钠和乙酸的复合物，其化学性质稳定，毒性极小，不致癌，无残留，安全性高，价格较低，是一种新型多功能饲料添加剂。乙酸是合成乳脂的主要成分，粗纤维在瘤胃中酶解产生乙酸。所以，饲喂粗料型日粮的奶牛其乳脂率较高。然而，对高产奶牛来说，为了保证一定的能量需要，粗饲料的进食量应受到限制，此时添加双乙酸钠可起到提高乳脂率的作用。目前在奶牛生产中应用效果较好，通常每天添加量为 40～100 克/头。另外，双乙酸钠用于青贮饲料，有抑制真菌生长和防腐保鲜的作用。因为双乙酸钠同时含有乙酸钠和乙酸的成分，其饲喂效果优于乙酸钠。

6. **酶制剂** 牛用的主要是单纤维素降解酶类和复合酶制剂。复合酶制剂含有各种纤维素酶、淀粉酶和蛋白酶等，可提高奶牛生产性能。

二、奶牛的饲料使用技术

奶牛的饲料成本占奶牛养殖成本的 70%，因此设计奶牛日粮配方时，应结合当地饲料资源情况，既满足奶牛营养需要，又降低饲料成本，争取最大的经济效益。

(一)粗料占日粮比例

根据奶牛的生理特点，选择适当的饲料原料，以干物质为基础，日粮中粗料比例应在 40%～70%，也就是说日粮中粗纤维含量应占干物质的 15%～24%。在泌乳早期粗料比例也应在 40%，才能保证牛体健康。

(二)精料喂量

在奶牛生产中，一般按奶牛维持需要 3 千克，然后每产 3 千克奶加喂 1 千克精料来确定。食盐占精料的 1%～2%。

(三)采 食 量

为了保证奶牛有足够的采食量，日粮应保证有足够的容积和干物质含量，高产奶牛(日产奶量 20～30 千克)，干物质需要量为体重的 3.3%～3.6%，中产奶牛(日产奶量 15～20 千克)为 2.8%～3.3%，低产奶牛(日产奶量 10～15 千克)为 2.5%～2.8%。

（四）奶牛的预混料使用技术

在实际生产中，添加剂种类很多，用量极小，如果直接向配合饲料中添加，很难混匀。因此在向配合饲料添加之前先将添加剂和合适的载体或稀释剂，通过一定的加工工艺混合均匀，以增大其体积，提高其在配合饲料中的添加量，从而使微量的添加剂能够在配合饲料中均匀分布。这种由一种或多种添加剂与载体和(或)稀释剂均匀混合后的饲料叫添加剂预混料，简称预混料。

奶牛的预混料包括单一预混料(如微量元素或维生素添加剂)和复合预混料(包括维生素、微量元素和碳酸氢钠等添加剂)，是一种不完全饲料，不能单独直接饲喂奶牛。预混料在奶牛精料中的用量一般为1%～5%。养殖户应了解预混料所含成分，按配方需要选购在有效期内的产品，并且出厂时间越短越好。使用时应根据产品标志、按说明书使用。由于预混料占的比例较小，因此和精料混合时，应采取逐级稀释后混匀的办法。

（五）奶牛的浓缩料使用技术

奶牛的浓缩料是指蛋白质饲料、矿物质饲料(钙、磷和食盐)和预混料按一定比例配制而成的均匀混合物。浓缩料不能直接饲喂奶牛，使用前要按标定含量配给一定比例的能量饲料(主要是玉米、麸皮)，成为精料混合料后才能饲喂。

目前，市场上奶牛浓缩料种类很多，由于浓缩料在精料中所占比例以及不同阶段奶牛饲喂需要不同，其营养成分有很大差异，养殖户可以根据自己的能量饲料(玉米、麸皮)和奶牛的生理阶段情况选择使用。

（六）奶牛的精料补充料使用技术

奶牛精料补充料又称精料混合料，是为补充奶牛青粗饲料的营养不足而配制的饲料。由于奶牛的瘤胃生理特点，精料混合料使用时应另外加喂粗饲料和多汁饲料。奶牛精料补充料使用时，养殖户应首先根据粗饲料情况和奶牛的不同生理时期购买不同的精料补充料。如干奶期奶牛不能用产奶期的饲料，犊牛期不能用育成期的饲料；如果粗饲料品质差，应购买粗蛋白质及能量含量高，质量好的饲料。

思考题

1. 奶牛常用粗饲料和精饲料包括哪几种？

2. 为什么奶牛必须饲喂青贮饲料和干草？如何制作青贮饲料？

3. 奶牛为什么要补充矿物质饲料和饲料添加剂？分别包括哪些？

4. 奶牛日粮中粗饲料应占多大的比例，才能维持奶牛健康？精料喂量一般为多少？

5. 饲喂尿素时应注意哪些问题？

第四章　奶牛的饲养管理技术

一、生长奶牛的饲养管理技术

(一)犊牛的饲养管理技术

习惯上把出生到断奶的小牛叫犊牛，7日龄以内叫初生犊牛。初生犊牛瘤胃容积很小，功能不发达，3周龄后瘤胃开始迅速发育。

1. 初生犊牛的护理

(1)清除黏液　犊牛出生后，应立即用毛巾将其口鼻部黏液擦净，以利于呼吸。如犊牛出生后不能马上呼吸，可握住犊牛的后肢将其吊挂并拍打胸部，使其吐出黏液。犊牛被毛要用毛巾擦干，以免受凉。

(2)断脐带　通常情况下，犊牛的脐带自然扯断。未扯断时，用消毒剪刀在距腹部6～8厘米处剪断脐带，将脐带中的血液挤净，用5%～10%碘酊浸泡2～3分钟即可，切忌将药液灌入脐带内。断脐不要结扎，以自然脱落为好。剥去犊牛软蹄。犊牛想站立时，应帮助其站稳。

(3)尽早吃初乳　母牛产后7天内所分泌的乳汁叫初乳。初乳具有特殊的作用：第一，能代替肠壁黏膜的作用，可阻止细菌侵入血液，提高犊牛对疾病的抵抗力；第二，初乳含有丰富而易消化的养分；第三，初乳的酸度较高(45°T～50°T)，可使胃液变成酸性，不利于有害细菌的繁殖；第四，初乳可以促进真胃分泌大量消化酶，使胃肠功能尽早形成；第五，初乳中含有较多的镁盐，有轻泻作用，能促进胎粪排出；第六，初乳中含有溶菌酶和免疫球蛋白，能抑制或杀灭多种病菌。

由于初生犊牛没有免疫力，只有从初乳中得到免疫球蛋白。但初生犊牛胃肠道对免疫球蛋白的通透性在生后很快开始下降，出生后24小时，抗体吸收几乎停止。在此期间如不能吃到足够的初乳，对犊牛的健康就会造成严重的威胁。犊牛应在产出之后1小时内哺喂初乳。通常第一次初乳的喂量是1.5～2千克。以后几天视犊牛强弱每天可按体重的1/10～1/8量喂，每日3～4次，每次即挤即喂。如果挤下的初乳停放时间长，温度下降，应采取水浴加温至37℃再喂；温度不能太高，否则初乳会出现凝固变质。犊牛每次哺乳之后1～2小时，应饮温开水(35℃～38℃)1次。

(4)人工哺乳　可使用特制奶瓶，奶嘴上有十字开口，便于犊牛吮乳。也可采用桶内哺饮奶法。一手持桶，另一手中指及食指放入犊牛嘴里，使其吮吸，然后引至有奶的桶中。当犊牛吮吸手指时，便吸到初乳，然后将手取出，让其自由吮吸。

(5)补喂抗生素　为了防止新生犊牛下痢，可补喂抗生素。如每天将250毫克土霉素溶于乳中供给，从出生后的第三天直至30天止。

2. 常乳期犊牛的饲养管理

初乳期结束到断奶称为常乳期。这一阶段是犊牛体尺、体重增长及胃肠道发育最快的时期，尤以瘤、网胃的发育最为迅速，此阶段的饲养是由真胃消化向复胃消化转化、由饲喂奶品向饲喂草料过渡的一个重要时期。此阶段犊牛的可塑性很大，是培育优秀奶牛的最关键时期。

(1)犊牛的哺乳　犊牛经过7天的初乳期之后，开始哺喂常乳，注意逐渐过渡（4～5天），以免造成消化不良。同时做到定质、定量、定温、定时饲喂。

定质是指乳汁的质量。为保证犊牛健康，最忌喂给劣质或变质的乳汁，如母牛产后患乳房炎，其犊牛可喂给产犊时间基本相同的其他健康母牛的乳汁。

定量是指按饲养标准合理饲喂。1～2周龄犊牛，每天喂奶量约为体重的1/10；3～4周龄犊牛，每天喂奶量为1/8；5～6周龄为1/9；7周龄以后为1/10至逐渐断奶。每次喂奶应在鲜奶中对1/4～1/2的清洁温水。

定温是指饲喂乳汁的温度应保持恒定。太凉可导致腹泻，温度太高可使犊牛消化道黏膜充血发炎。一般夏天掌握在36℃～38℃，冬天38℃～40℃。

定时指2次饲喂之间时间的间隔，一般在8小时左右。饲喂间隔太长和太短，都易引起消化不良。

高奶量长期哺乳饲养，犊牛虽然增重快，但对其消化器官发育不利，而且成本加大，奶牛产后往往不能高产。所以，应当减少哺乳量和缩短哺乳期。喂奶方案多采用前期喂足奶量，后期少喂奶，多喂精、粗饲料。下面介绍几种哺乳方案。

第一，510千克全乳，90天哺乳期。1～10日龄，5千克/日；11～20日龄，7千克/日；21～40日龄，8千克/日；41～50日龄，7千克/日；51～60日龄，5千克/日；61～80日龄，4千克/日；81～90日龄，3千克/日。

第二，200～260千克全乳，45～60天哺乳期。1～20日龄，6千克/日；21～30日龄，4～5千克/日；31～45日龄，3～4千克/日；46～60日龄，0～2千克/日。

第三，405千克全乳，90天哺乳期。1～30日龄，6千克/日；31～60日龄，4.5千克/日；61～90日龄，3千克/日。

(2)犊牛的补饲

①补饲精料：在犊牛10～15日龄时开始补饲精料，喂完奶后用少量精料涂抹在其鼻镜和嘴唇上，或撒少许于奶桶上任其舐食，促其形成采食精料的习惯。日采食犊牛料1月龄时250～300克，2月龄时500～600克。犊牛开食料配方见表4-1。

表4-1 犊牛开食料配方 （%）

时期	玉米	麸皮	豆饼	棉籽饼	菜籽饼	饲用酵母粉	磷酸氢钙	食盐	预混料
7～19日龄	50	16	26	0	0	5	1	1	1
20日龄至断奶	48	15	20	5	5	4	1	1	1

②饲喂干草：从1周龄开始，在牛栏的草架内添入优质干草（如豆科青干草等），训练犊牛自由采食，以促进其瘤、网胃发育，并防止舔食异物。

③饲喂青绿饲料：犊牛在20日龄时开始补喂青绿多汁饲料如胡萝卜、甜菜等，以促进其消化器官的发育。每天喂20克，到2月龄时可增加到1～1.5千克，3月龄增加到2～3千克。青贮饲料可在2月龄开始饲喂，每天100～150克，3月龄时1.5～2千克，4～6月龄时4～5千克。

(3)犊牛的管理

①称重和编号：犊牛在初生、6月龄、周岁和第一次配种前均应称重。在犊牛称重的同时进行编号。

②去角：7～10日龄去角，最晚不超过15日龄。用烧红的烙铁烧烙角基部15～20秒钟，直到角的生长点被破坏。或用特制的电烙铁去角，电烙铁顶端做成杯状，大小与犊牛角的底部一致，通电加热后，烙铁的各部分温度一致，使用时将烙铁

顶部放在犊牛角部 15～20 秒钟，或者烙到犊牛角四周的组织变为古铜色为止。此法去角不出血，一年四季都可使用，但只能用于 35 日龄以内的犊牛。

③饮水：哺乳期要供给充足的饮水。补水的方法最初可在牛乳中加 1/3～1/2 的热水，同时在运动场内设水槽，任其自由饮水。

④运动：除阴冷天气外，出生后 10 天即可让犊牛到户外自由活动，几周后还应适当进行驱赶运动(每日 1 小时左右)，以增强体质。

⑤三勤和三净：三勤即勤打扫圈舍，勤换垫草，勤观察犊牛的食欲、精神和粪便情况。三净即饲料净、畜体净和工具净。犊牛饲料不能含有铁丝、铁钉、牛毛、粪便等杂质。坚持每天 1～2 次刷拭牛体，促进牛体和皮肤健康，减少体内外寄生虫病。刷拭时可用软毛刷，必要时辅以硬质刷子。每次用完的奶具、补料槽、饮水槽等一定要洗刷干净，保持清洁。

⑥单栏培育：犊牛从出生到断奶始终在一个圈舍(犊牛栅)内饲养，单栏饲养可有效预防犊牛互相吸吮，如果不能单栏饲养，犊牛每次喂奶完毕，应将其口鼻部残奶擦净。对已形成舐癖的犊牛，可在鼻梁前套一小木板加以纠正。同时避免用奶瓶喂奶，最好使用水桶。

⑦定期消毒：冬季每月至少 1 次，夏季 10 天 1 次，用苛性钠、石灰水或来苏儿对地面、墙壁、栏杆、饲槽、草架全面彻底消毒。如发生传染病或有死牛现象，必须对其所接触的环境及用具作临时性突击消毒。

⑧切除多余乳头：乳房上若有副乳头，应在 4～6 周龄时剪除。如果多余乳头连附在正常乳头上或靠得很近，就要请兽医进行手术。多余乳头一般长在 4 个正常乳头的后边，切除时

先固定犊牛,对乳房进行清洗、消毒,然后抓住多余乳头,慢慢拉离乳房,用阉割钳夹住根部,再用消毒后的手术剪刀剪掉,伤口用消毒药和抗生素处理。

(4)犊牛的断奶　目前生产中全期哺乳量一般控制在250～350千克(表4-2),喂乳期45～60天,犊牛全期平均日增重670～700克,6月龄体重可达160～165千克。

表4-2　350千克喂奶量犊牛饲养方案　(60天断奶)

日　龄	日喂奶量（千克/头）	犊牛料（千克/头·日）	粗　料（千克/头·日）
0～30	6	0.1	0.1
31～50	6	0.2	0.25
51～60	5	0.4	0.45
61～90	-	1.5	1.5
91～180	-	2	2.5

注:粗料用中等羊草和玉米青贮各50%(按风干料计算),每5千克玉米青贮折合1千克干草

(二)育成牛的饲养管理技术

育成牛指断奶后到配种前的奶牛。育成牛培育的主要任务是保证牛的正常发育和适时配种。

1.育成牛的日粮

(1)断奶至6月龄日粮　断奶期犊牛在生理上和饲养环境上变化很大,必须精心管理,以使其尽快适应以精、粗饲料为主的饲养管理方式。3月龄以后的犊牛采食量逐渐增加,应特别注意控制精料饲喂量,要尽量多喂优质青粗饲料,以促其向乳用体型发展。90～180日龄犊牛饲养方案如下:91～120日龄,犊牛料2千克,干草1.4千克或青贮5千克;121～150日龄,犊牛料2千克,干草1.6千克或青贮8千克;151～180

日龄，犊牛料2千克，干草2.1千克或青贮10千克。犊牛料含玉米50%，麸皮15%，豆饼15%，花生饼5%，棉仁饼5%，菜籽饼3%，饲用酵母粉3%，磷酸氢钙1%，碳酸钙1%，食盐1%，预混料1%。粗料用中等羊草和玉米青贮各50%（按风干料计算），每5千克玉米青贮折合1千克干草。

（2）7～12月龄日粮　此阶段育成牛瘤胃的容量大大增加，利用青粗饲料的能力明显提高。正常饲养条件下，12月龄育成牛体重应达到280千克。日粮以优质青粗饲料为主，每天青粗饲料的采食量为体重的7%～9%。7～12月龄育成牛的饲养方案如下：7～8月龄，精料2千克，玉米青贮10.8千克，羊草0.5千克；9～10月龄，精料2.3千克，玉米青贮11千克，羊草1.4千克；11～12月龄，精料2.5千克，玉米青贮11.5千克，羊草2千克，甜菜渣0.6千克。精料配方1中含玉米50%，麸皮15%，豆饼15%，棉仁饼6%，玉米胚芽饼8%，饲用酵母粉2%，碳酸钙1%，磷酸氢钙1%，食盐1%，预混料1%；精料配方2中含玉米50%，麸皮17%，豆饼10%，葵籽饼8%，棉仁饼7%，饲用酵母粉4%，石粉1%，磷酸氢钙1%，食盐1%，预混料1%。

（3）13～18月龄日粮　为了促进该阶段育成牛乳腺和性器官的发育，其日粮中要适量增加青贮、块根、块茎饲料。15月龄时生殖器官和卵巢的内分泌功能更趋健全，发育正常的牛可达到配种体重（350～420千克），即可进行第一次配种，但达不到这个标准的牛，不要过早配种。13～18月龄育成牛的饲养方案如下：13～14月龄，精料2.5千克，玉米青贮13千克，羊草2.5千克，糟渣类2.5千克；15～16月龄，精料2.5千克，玉米青贮13.2千克，羊草3千克，糟渣类3.3千克；17～18月龄，精料2.5千克，玉米青贮13.5千克，羊草3.5

千克，糟渣类4千克。精料配方1中含玉米47%，麸皮21%，豆饼13%，葵籽饼8%，棉仁饼7%，碳酸钙1%，磷酸氢钙1%，食盐1%，预混料1%。精料配方2中含玉米45%，麸皮17.5%，葵籽饼17%，棉仁饼8%，玉米胚芽饼7.5%，碳酸钙1%，磷酸氢钙1%，食盐2%，预混料1%。

2. **育成牛的管理**

(1)加强运动　育成牛运动场面积为15米^2/头。在舍饲条件下，育成牛每天至少应有2小时以上的运动，一般采取自由运动。如果精料过多而运动不足，容易发胖，体短，肉厚，个子小，早熟早衰，利用年限短，产奶量低。

(2)按摩乳房　热敷乳房可促进青年母牛乳腺的发育和产后泌乳量的提高。对周岁至配种期间的青年牛每天应按摩乳房1次，初配怀孕后的奶牛，每天可按摩2次，每次按摩时用热毛巾轻轻擦揉乳房。

(3)刷拭和调教　为了保持牛体清洁，促进皮肤代谢和养成温驯的习性，育成牛每天应刷拭1～2次，每次5～10分钟。

(4)制定生长计划　根据奶牛不同年龄的生长发育特点和饲草、饲料供应状况，确定不同日龄奶牛的日增重幅度，制定生长计划(表4-3)。

表4-3　中国荷斯坦牛的增重(生长)情况

月龄	北方			上海		
	体重(千克)	胸围(厘米)	体高(厘米)	体重(千克)	胸围(厘米)	体高(厘米)
初生	38.6	78.47	73.5	35	75	65
6	173.6	127.8	102.2	165	125	100
12	292	154.5	115.2	300	156	112
18	395.7	175.1	124.7	400	173	120

(5)称重　6、12、18月龄进行体尺、体重测定，并记入档案。

(6)初配　育成母牛何时初次配种，应根据母牛的年龄和发育情况而定。一般15～18月龄初配，或达成年体重70%时开始初配。

(三)青年牛的饲养管理技术

习惯上把18月龄至初产这一阶段的母牛称为青年母牛，实际上叫做初孕牛更为合适。

1. **青年牛的日粮**　初孕牛体况不得过肥，以看不到肋骨较为理想。保证优质干草的供应，喂量达到体重的1%～1.5%。具体饲养方案见表4-4。同时要注意对维生素A和钙、磷的补充。怀孕后期(预产期前2～3周)可采用低钙日粮，即日粮钙含量调节到低于饲养标准的20%，有利于防止产后瘫痪。

表4-4　青年母牛的饲养方案　(千克/头·日)

月　龄	精料量	干　草	玉米青贮
19	2.5	3	14
20	2.5	3	16
21	3.5	3.5	12
22	4.5	4.5	8
23	4.5	5.5	6
24	4.5	5.5	6

精饲料参考如下配方：配方1含玉米50%，麸皮20%，豆饼5%，花生饼5%，棉仁饼5%，玉米胚芽饼9%，石粉2%，磷酸氢钙0.5%，食盐1%，碳酸氢钠1.5%，预混料1%。配方2含玉米50%，麸皮24.5%，花生粕10%，棉籽粕5%，豆粕

5%，石粉1%，磷酸氢钙1%，食盐1%，碳酸氢钠1.5%，预混料1%。

2. **青年牛的管理** 初次怀胎的母牛应经常通过刷拭、按摩等与之接触，使之养成温驯的习性。修蹄应在妊娠5～6个月前进行。加强运动量至每日1～2小时，可防止难产。分娩前1周进入产房进行单独饲养。从开始配种起，每天上槽后按摩乳房1～2分钟，促进乳房的生长发育；按摩进行到乳房开始出现妊娠生理水肿为止。同时，还要防止机械性流产或早产，在牛群通过较窄的通道时，不要驱赶过快，防止互相挤撞，冬季要防止在冰冻的地面或冰上滑倒。严禁打牛、踢牛。

二、成年母牛的饲养管理技术

（一）影响奶牛生产力的因素

1. **品种** 不同品种间产奶量的差异很大，其中以荷斯坦牛产量最高，但乳脂率低。娟姗牛产奶量虽低，而含脂率高，如按乳中含能量折算，荷斯坦牛仍为产量最高。

2. **个体** 不同个体产奶量不同。即使同一品种内个体不同差异也很显著，甚至大于品种间的差异。如荷斯坦牛个体间产奶量可能由2 000～27 000千克，乳脂率可能由2.6%～6%。

3. **年龄与胎次** 初产母牛一般产乳量仅能达壮龄牛产量的60%～70%。随年龄、胎次增加，乳腺发育增大，产奶量也逐步增大，当达第五、第六胎次后则逐步降低。乳脂率则与产乳量呈负相关的趋势。一般在乳量上升期乳脂率略有下降，当乳量下降时，乳脂率有可能再度上升。

4. **初产年龄与产犊间隔** 初产年龄过早，不仅影响当次产乳，并且影响个体发育，从而影响终生产量。初产过晚则影响终生胎次，这样不仅减少了产奶量，并减少了犊牛的出生头数，在饲养成本上是不合算的。一般应掌握奶牛体重达成年体重的70%左右配种，24～26月龄第一次产犊较为有利。

母牛初产后，应保持1年1犊，1年中有10个月的产奶期，这样母牛的一生可多次出现泌乳高峰，无论对产奶与获得犊牛都十分有利，但一味地延长产奶期，虽能获得当前利益，实则得不偿失，故母牛产犊后应尽量使其在60～90天内再次受孕。

5. **挤奶技术** 挤奶技术与产奶量、乳脂率关系密切。合理的挤奶应当使奶牛早有挤奶准备，使奶牛产生排乳反射，当乳房变硬产生放乳反射时，应集中精力立即挤奶，挤奶员应随乳牛泌乳速度加快挤奶，因为促使乳牛放乳的催产素在乳房中的作用时间仅数分钟，如能较快将奶挤出，可获得较多牛奶。每次挤奶要将奶完全挤净，否则容易造成乳房炎。

6. **挤奶次数与挤奶间隔** 一般每日3次挤奶比2次挤奶可多产奶16%～20%，而4次挤奶又较3次挤奶提高10%～12%。实际生产中挤奶次数应当根据工人和奶牛的休息及喂牛次数和奶牛能在营养物质方面得到补偿为度。目前国外多采用日挤2次，我国多采用3次。

7. **泌乳期** 奶牛自产犊后泌乳开始直至干乳期间称泌乳期。在1个泌乳期中，产奶量和成分是有变化的。根据泌乳期中不同阶段将其分为初乳、常乳和末乳。

奶牛在泌乳期的产奶量上也有很大差异，一般都呈规律性的变化，即开始几天产量较低，随产后身体和生殖道的恢复，产量不断增加，在20～60天出现高峰，一般牛的产量在高峰期可能停留一段时间，良好的高产牛高峰期可达2个月左右，一般多在1个月左右即开始缓慢下降。高产奶牛下降缓慢，月递减率一般在7%以下，低产牛则往往在9%～10%，甚至更高。当母牛怀孕达5个月时，孕牛产奶量下降较快，而未孕牛则下降较慢。根据牛的产奶量高低以曲线表示，称为泌乳曲线。下降过剧或多峰曲线是不正常曲线。泌乳曲线是鉴定奶牛泌乳性能的一项指标，也是饲养管理的依据。

8. **季节与环境温度** 气温在4℃～21℃范围内，环境温度对奶牛产奶量及奶的成分几乎没有影响。在21℃～27℃的气温下，奶牛产奶量逐渐减少，乳脂率降低。气温达27℃以上时则产奶量降低更为显著。持续的湿热天气影响牛奶质量。

9. **饲养与管理** 奶牛泌乳能力的遗传力仅为25%～30%，其余由饲养管理因素决定。丰富的营养、日粮的合理搭配、精心的调制是奶牛产奶的物质基础。同一品种奶牛，在不同牧场饲养，其产奶量差异很大，主要原因是饲养管理的差异。高产奶牛完全靠精料满足营养需要往往效果很差，长期高度精料型饲养易发生胃肠病、代谢病和难孕等疾患。低产牛过度丰富饲养，则牛体过肥，反而影响产量并发生难孕及难产等。高质量的粗饲料是提高产奶量和乳脂率的基础。奶牛经常刷拭、修蹄、运动、按时挤奶是日常管理的重要环节。这些环节都是保证牛体健康和促进血液循环的措施。

（二）成年母牛的常规饲养管理技术

1. 饲喂技术

（1）定时饲喂 对保持奶牛消化道内环境稳定和正常消化功能有重要作用。饲喂过迟或过早，均会打乱奶牛消化腺的活动，影响消化功能，降低饲料消化率。

（2）稳定日粮 奶牛瘤胃内微生物区系的形成需要30天左右的时间，一旦被打乱，恢复很慢。因此，有必要保持饲料种类的相对稳定。必须更换饲料种类时，一定要逐渐进行。青粗饲料更换应有 7～10 天的过渡时间，奶牛才能够适应，不至于产生消化紊乱现象。时青时干或时喂时停，均会使瘤胃消化功能受到影响，造成产奶量下降，甚至引起疾病。

（3）饲喂有序　目前国内普遍采取 3 次上槽饲喂、3 次挤奶的工作日程。粗料日喂 3 次或自由采食，精料少量多次饲喂，可降低奶牛酮血症、乳房炎和产后瘫痪等的发病率。在饲喂顺序上，应根据精、粗饲料的品质、适口性，安排饲喂顺序，当奶牛建立起饲喂顺序的条件反射后，不得随意改动，否则会打乱奶牛采食饲料的正常生理反应，影响采食量。一般的饲喂顺序为：先粗后精、先干后湿、先喂后饮。如干草—副料—青贮—块根、块茎类—精料混合料。但喂牛最好的方法是精、粗料混喂，采用完全混合日粮。

全混合日粮（TMR）饲养技术是根据奶牛不同泌乳阶段的营养需要，将精、粗饲料按比例混合，压制成颗粒饲料，供牛自由采食。这种方法能增加奶牛采食量，解决奶牛在泌乳盛期营养负平衡问题；其次，可简化饲养程序，使每头牛得到廉价的平衡饲料，可避免以往奶牛由于分别采食粗料和精料而造成的精料吃得过多，粗料采食不足以致造成瘤胃功能障碍，使产奶量、乳脂率下降和发生消化道疾病等缺点。小型养殖专业户一般不具备颗粒机和全混合日粮搅拌机，可采取人工搅拌后，不制粒而直接饲喂的方法。此法通过试验取得了较好的效果。

（4）防异物、防霉烂　由于奶牛不经咀嚼即咽下饲料，对饲料中的异物反应不敏感，因此饲喂奶牛的精料要用带有磁铁的筛子进行过筛，在青粗饲料切草机入口处安装磁铁，以除去其中夹杂的铁钉、铁丝等尖锐异物，避免网胃、心包创伤。对于含泥较多的青粗饲料，还应浸在水中洗净，晾干后再进行饲喂。切忌使用霉烂、冰冻的饲料喂牛，保证饲料的新鲜和清洁。

(5)保证充足清洁的饮水　奶牛的饮水量一般为干物质进食量的5～7倍，每天大约需饮水60～100升。目前奶牛场一般用水槽或自动饮水器让牛自由饮水。冬季饮水的水温不得低于10℃。奶牛生产中也可应用诱导饮水方法，如夏季可用凉水泡料或调制粥料喂奶牛，同时可喂含水分多的块根或青绿饲料；冬季可喂热粥料。

(6)添加剂使用限制　不应在生产中额外添加未经国家有关部门批准使用的各种化学、生物制剂及保护剂(如抗氧化剂、防霉剂)等添加剂。泌乳牛正常生产中禁止使用任何药物，必须用药时，药物残留期间的牛奶不得作为商品牛奶出售，上市前应按规定停药，应准确计算停药时间和弃乳期。不使用未经有关部门批准使用的激素类药物(如促卵泡发育、排卵和催产等药剂)及抗生素。

2. 日常管理技术

(1)运动　奶牛每天应有3～4小时在户外运动场自由活动的时间，对没有运动场的奶牛每天应驱赶3千米，可以提高奶牛体质，促进发情，预防胎衣不下，并能有效的提高产奶量和乳脂率，但不得让奶牛做剧烈、长时间运动，否则会影响健康。

(2)刷拭　奶牛每天应刷拭2～3次，刷拭时应先用较硬的工具如铁篦，再用较软的工具如棕刷。刷拭方法是：饲养员以左手持铁刷，右手执棕毛刷，先由颈部开始，依次为颈→肩→背腰→股→腹→乳房→头→四肢→尾。刷完一侧再刷另一侧，刷时先用棕毛刷逆毛刷去，顺毛刷回，碰到坚硬结块刷拭不掉的污垢部分，先用水洗刷，再用铁篦轻轻刮掉，然后用棕刷刷拭。盛夏气温高，为了促使皮肤散热，可用清水洗浴牛体，然后进行洗刷，既有利于卫生，又起到防暑、降温，提高产奶量的作用；在冬季，则应以干刷为主，除非必要，一般不用水冲洗牛体，必要时，水洗的面积应尽量小，最好用温水，洗后立即用毛巾将被毛和皮肤擦干净。

(3)保持牛舍和环境卫生　保证牛舍、运动场及周围环境的卫生。每天应对牛床和运动场进行清扫，及时把粪便运走，不得堆放在运动场；每天下槽后对饲槽进行清扫，定期对饲槽和水槽进行消毒。定期清洗消毒饮水设备。水塔及其他贮水设施应有防止污染的措施，并予以定期清洗和消毒。

(4)消毒与疫病防治　要求牛舍门前设消毒池，经常性保持消毒池中有消毒液或石灰粉。圈舍冬、春每季消毒1次，夏季每月消毒1～2次。做好常见的传染病(口蹄疫、结核病和布氏杆菌病等)的检疫与防疫工作。

(5)预防热应激　奶牛生产的最适宜气温是10℃～20℃，这时饲料利用率和产奶量均为最高。当环境温度超过27℃时，奶牛就产生严重的热应激，体温上升，呼吸加快，产奶量和乳质量急剧下降，高温高湿影响更大。夏季闷热时期，应使奶牛处于阴凉和通风良好的地方，尽量减少日光直射及热反射的影响，防止日射病和热射病。牛舍窗户要打开，加大空气对流量；朝阳窗、门、运动场要遮阳。有条件的可安装通风设备(如电风扇等)来降低温度。当外界气温超过34℃时，最好用凉水冲洗牛体，有条件的可采用喷雾或淋浴，以喷湿牛体而不形成水滴流下为宜。暑期奶牛食欲不振，应增加精料的营养浓度，并在早晨和夜间凉爽时增加饲喂次数。选用优质粗饲料，每日补充150～200克的碳酸氢钠。

(6)勤观察　对牛群中精神不振、食欲不良、粪便异常的牛要及时采取相应措施。及时查出发情牛，适时配种。对病弱、妊娠牛，上下槽时不要驱赶、喝斥和打骂，以免牛受惊、拥挤、顶撞造成事故。注意妊娠母牛的保胎工作，防止流产和早产，妊娠最后 2 个月少喂或不喂酸性大的饲料。

(7)生产和育种记录　对每日饲料的消耗量、存贮量、种类及数量做好记录。按照育种要求详细记载牛的产奶量、配种时间、产犊日期、体重、体尺、外貌鉴定等。

3. **挤奶技术**　在正常饲养管理条件下，正确而熟练的挤奶技术对奶牛高产稳产具有重要作用，而且还可以防止奶牛发生乳房炎。

(1)挤奶次数　一般日产 15 千克以下母牛，每日挤奶 2 次；15 千克以上，日挤奶 3 次。每次挤奶的间隔时间，尽可能保持稳定。

(2)乳房按摩　正常的乳房按摩对于刺激奶牛排乳，创造良好的排乳反射具有重要意义。在挤奶的整个过程中一般应有 3 次乳房按摩。第一次是清洗乳房，准备挤奶之前进行按摩。第二次是当部分乳已被挤出后，应再次按摩乳房，有利于产奶量的增加，到挤奶快结束时，进行第三次乳房按摩，这次应用力充分按摩，尤其是初产牛更应如此。如果是手工挤奶，每次按摩时，应将乳桶放到一边，防止按摩时牛毛、皮肤屑以及其他脏物落入桶内，污染牛奶。机械挤奶时，一般只在挤奶开始和挤奶结束时按摩乳房，或仅在挤奶结束时按摩。

(3)挤奶注意事项

第一，挤奶速度要快。挤奶引起的排乳反射时间只能持续 6～8 分钟。挤奶前乳房经热敷和擦洗按摩后，要在 10 分钟内将奶挤完，中间不能停顿，否则会降低产奶量。

第二，遵守挤奶规程。挤奶时任何外界的不良刺激都会影响挤奶量。挤奶员在挤奶时应精力集中，保持安静的环境条件，防止对奶牛排乳的抑制。

第三，防治乳房炎。严防一切可能引起乳房外伤的因素。挤奶前，挤奶员应对奶牛的乳房进行认真仔细的观察，及时发现乳房有无红、热、肿现象。对于已感染乳房炎的奶牛应最后挤奶，挤完奶后，应将乳头浸入由豆油和磺胺类药物制成的浸泡液中，严重的应进行乳房抗生素封闭注射，直至采用全身抗生素注射进行治疗。为减少乳房炎发生，在每次挤奶后，以3%次氯酸钠或2%碘伏液浸一下乳头。

(4)*挤奶方法*　包括手工挤奶和机械挤奶2种。手工挤奶采用拳握式，开始用力宜轻，速度稍慢，逐渐加快速度，每分钟挤压80～120次；机械挤奶要注意消毒，小心操作，避免乳头损伤和病原微生物的传播，真空压力应控制在0.04～0.044兆帕，搏动控制在每分钟55～65次，要防止空挤。

(5)*挤奶顺序*　生产中每头泌乳牛的状况各不相同，理想的挤奶顺序是：先挤第一胎无乳房炎的青年母牛，其次挤无乳房炎的经产母牛，然后是曾患过乳房炎现无症状的母牛，最后挤各乳区分泌不正常奶的母牛。

(6)*站立*　挤奶后，母牛必须站立1小时左右，以使乳头括约肌完全收缩，可防止乳头过早与地面接触，减少感染疾病的机会。使牛站立的最好办法是喂给新鲜饲料。

(三)泌乳奶牛的饲养管理技术

泌乳母牛在生产上分为3期：泌乳盛期(泌乳早期)、泌乳中期和泌乳后期。

1. **泌乳盛期奶牛的饲养管理**　产后16～100天为泌乳盛期，也称泌乳早期。

(1)*泌乳盛期的特点*　奶牛产奶量持续上升，产后4～8

周达到高峰。而此时的消化系统正处于恢复期,食欲差,采食量增加缓慢,约12～14周才达到高峰,致使高产奶牛营养摄入量和泌乳营养产出量呈负平衡,母牛不得不动用机体内贮存的营养物质支持泌乳,体重下降。泌乳盛期的泌乳量,约占整个泌乳期产奶量的50%左右,因此,奶牛生产中非常重视这个时期的饲养管理。

(2)泌乳盛期的日粮

第一,对于体重600千克,日产奶25千克的中国荷斯坦牛可采用如下日粮:玉米青贮18千克,羊草4千克,胡萝卜3千克,混合料10.4千克(其中玉米48%,豆饼25%,麸皮22.1%,碳酸钙2.9%,食盐2%)。

第二,对于体重600千克,日产奶15千克的泌奶牛可采用如下日粮:玉米青贮16千克,羊草5千克,胡萝卜3千克,混合料8.4千克(其中玉米54%,豆饼24%,麸皮19%,磷酸钙2%,食盐1%)。

(3)饲喂方法　粗料日喂3次或自由采食,精料少量多次饲喂,可降低奶牛酮血症、乳房炎、产后瘫痪等的发病率。我国一般采用3次饲喂,3次挤奶的方法。在饲喂顺序上,一般是先粗后精、先干后湿、先喂后饮。近年来,为了充分发挥高产奶牛的产奶潜力,在泌乳盛期广泛采用引导饲养法和和全混合日粮饲喂技术。

引导饲养法俗称奶跟着料走,具体做法是产犊前2周开始,除喂给足够量的高能粗料(如全株玉米青贮)外,每天喂2～2.5千克精料,以后每天增加0.45千克,直到母牛每100千克体重吃到1～1.5千克精料为止。母牛产犊后,仍继续按每天0.45千克增加精料,直到泌乳高峰或精料不超过日粮总干物质的65%为止。这时,母牛的采食量已增加到一定水平而不再增加。泌乳盛期过后，产奶量逐渐缓慢下降，根据产奶量、乳脂率、体重等情况及时调整精料喂量。在整个引导饲养阶段必须保证提供优质干草，任其自由采食，并给予充足饮水，以减少消化道的疾病。引导饲养法对高产牛与低产牛应区别对待。精料一般牛日平均6～7千克/头，而高产牛日平均9～15千克/头。

全混合日粮饲喂技术(TMR)已开始在我国广州市和上海市应用，其奶牛生产水平和牛群健康状况一直处于全国领先水平。建议养殖户按产奶量或泌乳阶段分群饲养奶牛，按全群平均产奶量和体重配制基础全混合日粮，优先满足对粗纤维、能量、蛋白质以及微量元素、维生素最基本的营养需要。饲喂时可根据具体牛的体况和产奶量对泌乳料进行适当的增减，这样就简化了全混合日粮的使用方法，提高了营养物质供应的准确性，可以保证营养素之间的平衡，提高产奶量、乳脂率和乳蛋白率，改善奶牛体况。

(4)泌乳盛期的管理要点

第一，泌乳盛期的奶牛每天的采食量大，应适当延长采食时间。饲喂时，定时定量，少给勤添，饲料应凉爽且有甜香味，不要在饲槽中堆积、发热、变酸；饲料种类应保持相对稳定，更换饲料时，必须逐渐进行，过渡时间应在10天以上。

第二，高产奶牛容易感染乳腺炎，必须严加预防，挤奶后要药浴乳头。

第三，注意泌乳盛期奶牛的发情。以产后70～90天配种最佳。高产奶牛在泌乳盛期的发情表现往往不明显，必须注意观察，以免错过情期。

第四，要保证充足清洁的饮水。奶牛饮水不足，会导致产奶量下降，奶牛挤奶后要立即饮水。

第五，运动不足会降低产奶性能和繁殖力，也易发生肢蹄病，故应有适当的运动量；保持牛体清洁卫生，每头牛必须坚持每天刷拭 2～3 次；奶牛除饲喂、挤奶时留在舍内外，其余时间均应使其自由活动。

第六，做好奶牛防疫灭病和牛舍内外清洁卫生工作，加强泌乳盛期奶牛的防暑降温。

2. 泌乳中期奶牛的饲养管理 产后 100～200 天称泌乳中期。

(1)泌乳中期的特点 产奶量开始缓慢下降，每月下降 5%～7%，母牛体质逐渐恢复，自 20 周起体重开始增加，日增重约为 500 克。饲养得当可延缓产奶量下降速度。

(2)泌乳中期的日粮 根据产奶量变化调整精料饲喂量，减少谷物饲料供给，此期母牛采食力强，饲料转化率高，应大量供给粗饲料和副料。粗料每日每头牛 20 千克玉米青贮、4 千克干草。精料按每产 2.7 千克奶加 1 千克供给；每产 2.5～3 千克奶给 1 千克鲜啤酒糟(或饴糖糟、甜菜渣、豆腐渣)。精料组成：玉米 50%，熟豆饼(粕)20%，麸皮 12%，玉米蛋白 10%，酵母饲料 5%，磷酸钙 1.6%，碳酸钙 0.4%，食盐 0.9%，强化微量元素与维生素添加剂 0.1%。体重 600 千克，每日每头产奶 20 千克奶牛的日粮组成如下：玉米青贮 18 千克，羊草 4 千克，胡萝卜 3 千克，混合料 8.84 千克(其中玉米 47.2%，豆饼 28.3%，麸皮 18.9%，磷酸钙 3.3%，食盐 2.3%)。

(3)泌乳中期的管理要点

第一，此阶段可按维持加产奶的需要进行全价日粮饲养，可不考虑体重变化问题。

第二，对于日产奶量高于 35 千克的高产奶牛，一年四季均应添加缓冲剂(碳酸氢钠、氧化镁)。夏季还应补充氯化钾，有利于缓解热应激对高产奶牛造成的不利影响。

第三，加强日常管理如刷拭牛体，按摩乳房，加强运动，饮水充足，保证母牛高产稳产。

3. **泌乳后期奶牛的饲养管理** 产后200天至干奶前称泌乳后期。

(1)*泌乳后期的特点* 产奶量急剧下降，每月下降幅度达10%以上，此时母牛处于怀孕后期，胎儿生长发育很快，母牛要消耗大量营养物质以供胎儿生长发育的需要。各器官处于较强活动状态，此时是恢复奶牛体况和增重的最好时期，但又不能使母牛过肥，保持中等偏上体况即可。

(2)*泌乳后期的日粮* 饲养上以优质青粗料为主，补饲少量精料。泌乳后期的精料和日粮组成可参考如下配方：第一，适用于全期产奶水平为8 000～8 500千克的高产奶牛，精料10～12千克，干草4～4.5千克，玉米青贮20千克。精料组成为玉米50%，熟豆饼(粕)10%，棉仁饼(或棉粕)5%，胡麻饼5%，花生饼3%，葵籽饼4%，麸皮20%，磷酸钙1.5%，碳酸钙0.5%，食盐0.9%，微量元素和维生素添加剂0.1%。第二，适用于全期产奶量为7 000千克奶牛，精料9～10千克，干草4千克，玉米青贮20千克。精料组成为玉米50%，熟豆饼(粕)10%，葵籽饼5%，棉仁饼5%，胡麻饼5%，麸皮22%，磷酸钙1.5%，碳酸钙0.5%，食盐0.9%，微量元素和维生素添加剂0.1%。第三，体重600千克，日产奶15千克奶牛的日粮组成为玉米青贮16千克，羊草5千克，胡萝卜3千克，精料8.35千克(其中玉米54%，豆饼24%，麸皮19%，磷酸钙2%，食盐1%)。

日粮供给要根据母牛的产奶水平和实际膘情合理安排，精料可根据产奶量随时调整，一般产3～4千克奶给1千克精料。只要母牛为中等膘(即肋骨外露明显),则按前述日粮组成饲喂。若已达中等以上膘情(即肋骨可见,但不明显),则可减少 1～1.5 千克精料,并严格控制青贮玉米的给量,防止母牛过肥。

(3)泌乳后期的管理要点

第一,在预计停奶前必须进行 1 次直肠检查,确定是否妊娠,如个别牛怀双胎,则应按双胎确定该牛干奶期的饲养方案,要合理地提高饲养水平,增加 1～1.5 千克精料。

第二,要禁止喂冰冻或发霉变质的饲料,注意母牛保胎,防止机械流产。

(四)干奶牛的饲养管理技术

进入妊娠后期,自停止挤奶到产犊前 15 天称为干奶期。

1. 干奶的作用和时间 干奶的意义主要有以下 2 点:其一,母牛怀孕后期得以充分休息,可促进胎儿的正常生长发育,并修补泌乳后期未完全补偿的体组织,蓄积营养。其二,是使乳腺组织得到更新,为下一个泌乳周期的泌乳活动打下基础。

干奶期的长短可根据饲养管理条件、牛的体况和生产性能而定。体况好、产奶少的,干奶期可短,体况差的、高产牛和初产牛,干奶期可适当延长。干奶期一般为 60 天(50～75 天),短于 40 天会降低下一个及以后泌乳期的产奶量,有损母牛健康;同时,所产犊牛体重小,患病率高。对高产奶牛,无论日产量有多高,都应采取果断的断奶措施,以免影响下一胎次的生产。

2. 干奶的方法 一般可分为逐渐干奶法、快速干奶法和骤然干奶法 3 种。干奶时不能患乳房炎,如有乳房炎需治愈后再干奶。

（1）逐渐干奶法　此法一般需要 10～15 天时间，对于高产奶牛以及有乳房炎病史的牛，是一种安全、稳妥的办法。从干奶的第一天开始，逐渐减少精料喂量，停喂多汁料和糟渣料，多喂干草，同时改变饲喂时间，控制饮水量，加强运动；打乱奶牛生活和泌乳规律，变更挤奶时间，逐渐减少挤奶次数，改每日 3 次为 2 次，每日 2 次为 1 次乃至隔日挤奶，停止运动和乳房按摩。此时，每次挤奶应完全挤净，到最后一次挤 2～3 千克奶时停挤，以后随时注意乳房情况。

（2）快速干奶法　即在 4～7 天内停奶。一般多用于中、低产奶牛。此法的具体做法是从干奶的第一天开始，适当减少精料，停喂青绿多汁饲料，控制饮水量，减少挤奶的次数和打乱挤奶时间。开始干奶的第一天由日挤奶 3 次改为 1 次，第二天挤 1 次，以后隔日挤 1 次。由于上述操作会使奶牛的生活规律发生突然变化，使产奶量显著下降，一般经5～7 天后，日产奶量降到 8～10 千克以下时，即可停止挤奶。最后 1 次应将奶完全挤净，然后用抗生素药液蘸洗乳头，再用青霉素软膏注入乳头内，并对乳头表面进行全面消毒。待完全干奶后用火棉胶涂抹于乳头孔处封闭乳头孔，以减少感染机会。乳头经封闭后即不再触动乳房，即使洗刷时也防止触摸它，但应经常注意乳房的变化。

（3）骤然干奶法　在奶牛干奶日突然停止挤奶，乳房内存留的乳汁经 4～10 天可以完全吸收。对于产奶量过高的奶牛，待突然停奶后 7 天再挤奶 1 次，但挤奶前不按摩乳房，同时注入抑菌的药物（干奶膏），将乳头封闭。

3. **干奶期日粮**　此期对于营养状况较差的高产母牛应提高营养水平，使其在干奶前期的体重比泌乳盛期时增加 10%左右，从而达到中上等膘情，这样才能保证在下一个泌乳期达到较高的产奶量；对于营养状况良好的母牛，干奶前期一般只给优质牧草，补充少量精料即可；对于营养不良的母牛，除充足供应优质粗饲料外，还应饲喂一定量的精料，精料的喂量视粗饲料的质量和奶牛膘情而定，一般可以按日产 10 千克或 15 千克牛奶的标准饲养，大约供应 8 千克或 10 千克的优质干草，15～20 千克青绿饲料和 3～4 千克配合精料。干奶牛的配合精料中应补充微量元素和维生素预混料。可参考以下日粮组成：第一，玉米青贮 20 千克，羊草 3.5 千克，精料 2.6 千克（其中玉米 60%，豆饼 10%，麸皮 16%，大麦 6%，高粱 6%，食盐 2%）。第二，玉米青贮 18 千克，中等羊草 3～3.5 千克，精料 3 千克（其中玉米 50%，豆饼 34%，麸皮 13%，磷酸钙 1.6%，碳酸钙 0.4%，食盐 1%）。第三，玉米青贮 17 千克，中等羊草 2.5～3 千克，精料 3 千克（其中玉米 44%，豆饼 16%，麸皮 37%，磷酸钙 0.5%，碳酸钙 1.5%，食盐 1%）。

4. 干奶期的管理

(1)保胎　加强饲养管理是保胎工作的关键，保持饲料的新鲜和优质，绝对不能供给冰冻、腐败变质的饲草饲料，冬季不应饮过冷的水，及时防治生殖系统疾病，防止拥挤、摔倒。

(2)适当运动　运动不仅可以促进血液循环，有利于奶牛健康，而且可减少（或防止）肢蹄病及难产。同时还应增加日照时间，以促进维生素 D 的合成，防止产后瘫痪。没有运动场时，母牛每天应定时由饲养员牵引运动。产前停止运动。

(3)保持皮肤卫生　母牛在妊娠期内，皮肤代谢旺盛，容易产生皮垢，因此每天应加强刷拭，以促进血液循环，使牛变得更加温驯。

(4)乳房按摩　为了促进乳腺发育，经产母牛在干奶 10

天后开始乳房按摩，每天1次。产前出现乳房水肿的牛应停止按摩。初产牛的乳房按摩可以从犊牛1岁左右开始，也可以在青年母牛交配受胎后进行，即使在妊娠后期开始，也有效果。对于初产母牛最初5天可以每天按摩1次，以后5天内每天1～2次，再后1个月内每天可按摩3次，每次按摩的时间均以5分钟左右为宜。经过这样的按摩，初产母牛产后一般均可顺利地接受挤奶，乳房的形状和奶容量显著增大，分娩后也不会引发乳房炎和乳房肿胀。

（五）围产期奶牛的饲养管理技术

围产期指母牛分娩前、后各15天的时间。产前15天为围产前期，产后15天为围产后期。这一阶段对母牛、胎犊和新生犊牛的健康非常重要。围产期母牛发病率高，死亡率也高，要加强护理。

1. 奶牛围产前期的饲养管理

（1）围产前期奶牛的日粮　从产前2周起可采用引导饲养法，即从此时起每日多喂0.4～0.5千克精料，逐日增加，直到分娩时精料量占到体重的0.8%～1%。日粮组成：混合料2～5千克，玉米青贮15千克，羊草4千克，并注意补充微量元素及维生素。粗饲料应以优质干草为主，青贮饲料以每头每日喂给15千克左右为宜。过多饲喂青贮也会导致奶牛过肥。在此期间，也可少量喂给糟渣类饲料和块根类饲料。同时应在日粮中加喂一些麸皮等轻泻性饲料，以防便秘。对于长年饲喂青贮很少喂青料的牛群，补充维生素A可降低母牛产后胎衣不下的发生率，或在围产期注射硒和维生素E可获得满意效果。产前采取低钙日粮可预防产后瘫痪，一般钙占日粮干物质的0.4%以下，钙∶磷为1∶1。但在产犊以后应迅速提高日粮的含钙量，以满足产奶时的需要。

(2)围产前期奶牛的管理　母牛一般在分娩前2周转入产房，以使其习惯产房环境。在产房内每牛占一产栏，不系绳，任母牛在圈内自由活动；产房由有经验的饲养员管理。产栏应事先清洗消毒，并铺上短草，产房地面不应光滑，以免母牛滑倒。天气晴朗时应让母牛到运动场适当活动，但应防止挤撞摔倒。母牛在分娩前1～2天，食欲低下，此时精料最好调制成粥状，特别要保证充足的饮水。预防乳房炎和乳热症的工作应从此时开始。干奶后期必须对母牛的乳房进行仔细检查、严密监视，如发现有乳房炎征兆时必须抓紧治疗，以免留下后患。

2. **奶牛分娩期的饲养管理**　分娩期一般指母牛分娩至产后4天，也属于围产后期的一部分。

(1)分娩时的护理　母牛出现阵痛、不安、不时回顾腹部，并频频起卧时，需准备接产。先将母牛拉到产间，并铺垫清洁、干燥、柔软的褥草，用0.1%高锰酸钾溶液清洗其外阴部，各种接产用具和消毒药都应准备齐全。母牛产犊一般情况下不需人力协助，如果母牛体力不支，则应略加帮助，如出现异常则须助产。牛分娩时，应左侧躺卧，分娩后应尽早驱使其站起。

(2)分娩后的护理　母牛分娩后，要立即给母牛喂温热、足量的麸皮盐水(麸皮1～2千克，盐100～150克，碳酸钙50～100克，温水15～20升)，可起到暖腹、充饥、增加腹压的作用。同时喂给母牛优质、嫩软的干草1～2千克。

母牛产后30分钟即可挤奶，挤奶前先用温水清洗牛体两侧、后躯和尾部，并把污染的垫草清除干净，用0.1%～0.2%的高锰酸钾溶液消毒乳房。开始挤奶时，每个乳头的第一、第二把奶要弃掉，挤出2～2.5千克初乳，立即喂犊牛。

产后4～8小时胎衣自行排出。排出后要将外阴部清洗干净并用来苏儿水消毒，以免生殖道感染。胎衣排出后严防被母牛吃掉而妨碍消化。如12小时还不脱落，就要采取相应措施。母牛在产后应每天或隔天用1%～2%的来苏儿水洗刷后躯，特别是臀部、尾根和外阴部，要将恶露彻底洗净。同时还应密切注意恶露的排出情况，如有恶露闭塞现象，即产后几天内仅见稠密透明分泌物而不见暗红色液态恶露，应及时处理，以防发生产后败血症或子宫炎等生殖道疾病。观察阴门、乳房和乳头等部位是否有损伤，有无瘫痪征兆。每日测1～2次体温，若有升高应及时查明原因并进行处理。

奶牛分娩后立即改为高钙日粮。产后的饲养，因牛而定，如产后乳房不水肿，消化功能正常，身体健康，产后第二天就可给多汁饲料和精料。一定要用优质干草及青贮和混合料喂牛，在牛食欲差的情况下，尽量让牛多吃，特别是干草；混合料要在产前的基础上继续增加。在7～10天混合精料喂量可达到标准量，10天后高于标准15%～20%为宜，或根据产奶量的上升情况，逐日增加精料喂量。如果分娩后乳房水肿，要加强乳房的热敷和按摩。每次挤奶要热敷按摩5～10分钟，促进乳房消肿。如乳房水肿严重、变硬，食欲不振，排稀便并有恶臭，胃肠蠕动缓慢者，除请兽医诊疗外，要减少或停喂精料。产犊的最初几天，母牛乳房内的血液循环及乳腺泡的活动控制与调节均未达到正常状态，乳房肿胀厉害，内压也很高。所以，尤其是高产奶牛，此时绝对不能把乳房中的奶全部挤净，否则会因乳房内压的显著下降，引起微血管渗漏现象加剧，血钙、血糖大量流失，进一步加剧乳房水肿，引起高产奶牛的产后瘫痪，重者甚至可造成死亡。因此，在产后4～5天内每次挤奶量要逐渐增加，一般产后头一二天挤奶时，每次挤奶可挤出1/3～1/2的量，第三天为1/2，第四天为3/4或挤干。但对于低产母牛和产后乳房没有水肿的母牛则无须如此，产犊后的第一天就可将奶挤净。

在这段时间里还要留心观察奶牛是否发生产后瘫痪、酮病、真胃变位、酸中毒等代谢病。如无特殊病症，产后10～15天就可移出产房，回到泌奶牛舍。

3. 奶牛围产后期（产后5～15天）的饲养管理 在围产后期提高饲料的营养价值，根据牛的食欲及乳房消肿情况，逐渐增加各种饲料的给量，特别是精饲料。从产后第四天开始，以牛最大限度采食量为原则，每天增加0.5～1千克精饲料，一直增加到泌乳高峰。日采食干物质量中精料比例逐步达到60%，精料中饼类饲料应占到30%；同时，每头牛可补加1～1.5千克全脂膨化大豆，以补充过瘤胃蛋白和能量的不足。一般日喂混合料10～15千克（其中谷实类每头每日喂给7～10千克，饼类饲料2～3千克）。粗饲料饲喂由开始时的以优质干草为主，逐步增喂青贮到产后15天，喂量宜达20千克左右，干草3～4千克；产犊7天后还可以喂些块根类、糟渣类饲料，以增强日粮的适口性，提高日粮营养价值。块根类饲料每头每日喂量5～10千克，糟渣类饲料15千克。

为保证牛体健康和产奶正常，母牛产后需喂给充足的钙、磷和维生素D。豆科饲料富含钙，谷实类饲料含磷较多，饲料中钙、磷不足应喂给矿物质饲料。

4. 奶牛围产期的饲养与代谢疾病的关系

（1）*产后瘫痪* 其发生是由于产前的高钙日粮。因此，围产前期必须给予低钙日粮，分娩后立即改为高钙日粮。对于老龄牛和高产牛更要注意预防产后瘫痪的发生。

（2）*胎衣不下* 在奶牛围产前期，如产前营养水平过高，造成母牛过肥，而使母牛子宫收缩无力，易引起难产和胎衣不下；胎儿过于肥大也会引起难产和胎衣不下；日粮中钙、镁、磷比例不当，使母牛身体虚弱，也易引发胎衣不下；如维生素 A，特别是维生素 E 的缺乏，直接引发胎衣不下。因此，在奶牛围产前期应防止母牛过肥和胎儿过大，各种无机盐比例恰当，坚持低钙日粮；在围产前期应特别注意补充富含维生素的胡萝卜和鲜苜蓿等。在生产实际中，可以进行硒制剂和(或)维生素 E 的预防注射。

(3)*乳房炎*　由于围产前期乳房乳腺开始活动，容易引起乳房炎症。发生乳房炎的原因多样：由于外界环境中的细菌感染而发生乳房炎；由于胎衣不下而继发；由于产后过量饲喂精料，使乳腺泌乳功能过强而造成损害，形成乳房炎；由于挤奶方法不正确等机械因素造成乳房炎等。

因此，奶牛围产期饲养管理应该坚持产房每日严格消毒和运动场地按时消毒。产前 7 天要坚持药浴乳头，产后坚持药浴。挤奶时要注意牛体、乳房和工人卫生。要有熟练的挤奶技术，要减少由于机械因素和其他人为意外因素而引起的乳房炎。母牛产后要合理搭配日粮，精料的比例不能过高，一般精、粗料比例为 60∶40。

思考题

1. 初生犊牛如何护理？
2. 犊牛何时进行补饲？犊牛的管理包括哪几项内容？
3. 影响奶牛生产力的因素有哪些？阐述成年母牛的一般饲养管理技术。
4. 为什么奶牛必须有干奶期？干奶期多长时间合适？
5. 阐述奶牛围产期的饲养与代谢疾病的关系。

第五章　奶牛的保健与卫生防疫措施

一、奶牛的保健措施

(一)乳房卫生保健

奶牛乳房疾病的发生率较高,因乳房疾病失去泌乳能力,造成大约10%的奶牛被淘汰和病乳废弃,给奶牛业带来较大的经济损失。因此,应重视乳房的卫生保健。

1. **乳房卫生管理**

(1)*挤乳员卫生*　挤乳员应相对固定,避免频繁更换。挤乳前将牛床打扫干净,牛体刷拭干净。挤乳员双手要清洗干净,有疫情时,要用0.1%过氧乙酸溶液洗涤。

(2)*乳房清洗*　乳房先用200～300毫克/升有机氯溶液清洗,再用50℃温水彻底洗净。水要勤换,每头牛要固定一条毛巾,洗涤后用干净毛巾或用一次性消毒棉纸彻底擦干乳房和乳头,毛巾用后必须洗净,烘干灭菌。

(3)*挤乳方法*　手工挤奶应采用拳握法,机械挤奶应保证正常操作。每次挤完乳后,必须用消毒药液浸泡每个乳头数秒钟,消毒药液可选用3%次氯酸钠、0.5%洗必泰、0.1%雷夫奴尔或0.1%新洁尔灭等。应注意经常更换消毒液,以免菌株产生耐药性而影响消毒效果。应先挤健康牛,后挤病牛;乳房炎患牛,要用手挤,不能机械挤。

2. **隐性乳房炎监测**　停乳前10天和3天要进行隐性乳房炎的检测,呈阳性反应牛要及时治疗,2次均为阴性反应的牛可施行停乳。停乳后继续药浴乳头1周，并定时观察乳房的变化。预产前1周恢复药浴，每日2次。泌乳牛在1、3、6、7、8、9、11等月份都要进行隐性乳房炎的检测工作。对有临床表现的乳房炎采取综合性防治措施，对久治不愈的奶牛应及时淘汰，以减少传染源。

3. 控制乳房炎感染与传播的措施

第一，奶牛停乳时，每个乳区注射1次抗生素。

第二，产前、产后乳房膨胀较大的牛只，不准强制驱赶起立或急走，蹄尖过长应及时修整，防止引发乳房外伤。应从牛群中挑出有吸吮癖的牛。

第三，患乳房炎的病牛应隔离饲养，奶桶、毛巾专用，用后消毒。病牛产的奶消毒后废弃，并及时合理治疗，痊愈后再归群。

第四，及时治疗胎衣不下、子宫内膜炎和产后败血症等疾病。防止炎症转移，波及乳房。

第五，对久治不愈、慢性顽固性乳房炎病牛，应及时淘汰。

（二）蹄卫生保健

蹄病在奶牛中发生率较高，据统计占总发病率的9%以上，严重时可导致奶牛的淘汰。因此，应重视蹄的保健。

1. 环境卫生 应保持牛舍和运动场地面平整、干净与干燥，及时清除粪便和污水。

2. 保持奶牛蹄部清洁 夏季可每日用清水冲洗，清洗后用4%硫酸铜溶液喷洒浴蹄，每周喷洒1～2次；冬季可改用干刷洁蹄，浴蹄次数可适当减少。浴蹄是预防蹄病的重要卫生措施。浴蹄效果较好的药液是甲醛液，取甲醛3～5升加水100升，温度保持在15℃以上。此外，硫酸铜也可使用。装浴液的容器宽约75厘米，长3～5米，深约15厘米，溶液深应达到10厘米。浴蹄后在干燥的地方停留30分钟，其效果更佳。

3. **定期修蹄** 每年应修蹄2次。修蹄工作应由经过培训的专业人员操作。首先必须有专用的修蹄固定架，在固定牛时须注意保护乳房和防止已孕干奶牛受伤；其次是将过长的蹄角质切除，切除可用专用的刀具或修蹄机；最后是修整蹄底，主要目的是要保证蹄形端正。

4. **及时治疗** 对患有肢蹄病的奶牛应及时治疗，促使其尽快痊愈。

5. **其他** 应给予营养平衡的全价饲料，以满足奶牛对各种营养成分的需求。禁止用有肢蹄病缺陷的公牛配种。

（三）营养代谢疾病监控

1. **定期抽查血样** 每年应对产奶牛特别是高产奶牛进行2～4次血样抽样（30～50头）检查，检查项目主要包括血细胞数、细胞压积（P.C.V）、血红蛋白、血糖、血尿素氮、血磷、血钙、血钠、血钾、总蛋白、白蛋白、碱贮（CO_2结合力）、血酮、谷草转氨酶和血游离脂肪酸等。

2. **定期监测酮体** 产前1周，隔2～3日测尿pH值、尿酮1次；产后1天，测尿pH值、尿或乳酮含量，隔2～3日1次，直到产后30～35天。凡监测尿pH值呈酸性、尿或乳酮阳性反应者，立即采取补给葡萄糖、碳酸氢钠及其他相应治疗措施。

3. **加强临产牛监护** 对高产、年老、体弱及食欲不振的牛，产前1周可用糖钙疗法（25%葡萄糖注射液和20%葡萄糖酸钙注射液各500毫升一次静脉注射，每天1次，连注2～4天）防控。

4. **高产牛特护** 高产牛在泌乳高峰时，日粮中可添加1.5%碳酸氢钠（按总干物质计），与精料混合直接饲喂。

二、奶牛的卫生防疫措施

为了保证奶牛的健康，实现其高产、稳产的目标，必须坚持“预防为主，防重于治”的方针，建立科学的饲养管理制度和严格的防疫措施。

(一)疫病预防措施

1. 确保场舍环境卫生　奶牛场应建有围墙或防疫沟，远离污染源(如化工厂、造纸厂、制革厂或屠宰厂等)。牛舍应清洁、卫生、干燥，阳光充足，通风良好，夏季防暑，冬季保暖，饲养环境安静，无噪声等异常刺激。经常保持牛场环境卫生，运动场无石头、砖块及积水；每天应及时除去牛舍内及运动场褥草、污物和粪便，并将粪便及污物运送到贮粪场；尸体、胎衣应深埋。

2. 执行严格的消毒制度

(1)消毒剂　应选择使用安全、没有残留，对设备没有损坏和在牛体内不产生有害蓄积的消毒剂。可选用的消毒剂有：石碳酸(酚)、煤酚、双酚类、次氯酸盐、有机碘络合物(碘伏)、过氧乙酸、生石灰、氢氧化钠(火碱)、高锰酸钾、硫酸铜、新洁尔灭、酒精和来苏儿等。

(2)消毒方法

①喷雾消毒：一定浓度的次氯酸盐、有机碘络合物、过氧乙酸、新洁尔灭、煤酚等，用喷雾装置进行喷雾消毒，主要用于牛舍清洗完毕后的喷洒消毒、带牛环境消毒，牛场道路、环境和进入场区的车辆消毒。

②浸泡消毒：用一定浓度的新洁尔灭、有机碘络合物或煤酚的水溶液，洗手、洗工作服和胶靴。

③紫外线消毒：对人员入口处设紫外线灯照射，以起到杀菌作用。

④喷洒消毒：在牛舍周围、入口、产床和牛床下面喷洒生石灰乳剂或火碱（2%～4%氢氧化钠）液以杀死细菌和病毒。

⑤热水消毒：用35℃～46℃温水及70℃～75℃的热碱水清洗挤奶机器管道，以除去管道内的残留无机盐。

（3）消毒制度

①环境消毒：牛舍周围环境（包括运动场）每周用2%氢氧化钠液喷洒或撒生石灰1次。场周围及场内污水池、粪尿坑和下水道出口，每月用漂白粉消毒1次（每米^{3}污水加6～10克漂白粉）。在大门口和牛舍入口设消毒池，使用2%～4%氢氧化钠液，为保证药液的有效，应15天更换1次药液。

②人员消毒：工作人员进入生产区应更衣和经紫外线消毒，工作服不应穿出场外。外来参观者进入场区参观应彻底消毒，更换场区工作服和工作鞋，并遵守场内防疫制度。

③牛舍消毒：牛舍在每班牛只下槽后应彻底清扫干净，定期（夏季2周，冬季1月）用高压水枪冲洗牛床，并进行药液喷洒消毒。

④用具消毒：定期（夏季2周，冬季1月）对饲喂用具、饲槽和饲料车等进行消毒，可用0.1%新洁尔灭或0.2%～0.5%过氧乙酸液消毒。日常用具（如兽医、助产和配种用具，挤奶设备和奶罐车等）在使用前后应进行彻底清洗和消毒。

⑤产房、犊牛舍消毒：每头牛使用前后应彻底清洗和消毒。

⑥带牛环境消毒：定期进行带牛环境消毒（特别是传染病多发季节），有利于减少环境中的病原微生物。可用于带牛环境消毒的消毒药有0.1%新洁尔灭、0.3%过氧乙酸和0.1%

次氯酸钠液等，均可减少传染病和蹄病的发生。带牛环境消毒应避免消毒剂污染牛奶。

⑦牛体消毒：挤奶、助产、配种、注射治疗以及其他对奶牛进行的接触性操作前，应先对牛体有关部位如乳房、乳头、阴道口和后躯等进行擦拭消毒，以降低牛乳的细菌数，并保证牛体健康。

3. **定期预防接种**

(1)预防接种　每年进行炭疽芽胞苗免疫注射。常发破伤风的地区应做破伤风类毒素注射。受口蹄疫威胁及常发生牛流行热的地区，可接种牛口蹄疫疫苗和牛流行热疫苗。奶牛场常见奶牛传染病的免疫程序如下。

①牛传染性鼻气管炎疫苗：犊牛 4～6 月龄接种，空怀青年母牛在第一次配种前 40～60 天接种，妊娠母牛在分娩后 30 天接种，免疫期 6 个月。怀孕牛不接种。已注射过该疫苗的牛场，对 4 月龄以下的犊牛，不接种任何疫苗。

②牛病毒性腹泻灭活苗和弱毒苗：灭活苗任何时候都可以使用，妊娠母牛也可以使用，第一次注射后 14 天应再注射 1 次。弱毒苗犊牛 1～6 月龄接种，空怀青年母牛在第一次配种前 40～60 天接种，妊娠母牛在分娩后 30 天接种，免疫期 6 个月。

③牛副流感Ⅲ型疫苗：犊牛于 6～8 月龄时注射 1 次。

④布氏杆菌病菌苗：牛布氏杆菌 19 号菌苗母犊 5～6 月龄接种，免疫期 12～14 个月；45/20 佐剂菌苗(牛型)，不论年龄或怀孕与否皆可注射，接种 2 次，第一次注射后 6～12 周再注射 1 次；2 号菌苗(猪型)，口服，用法同 19 号菌苗，免疫期 3.5 年；5 号菌苗(羊型)，可口服，免疫期 14 个月。

⑤魏氏梭菌病灭活苗：皮下注射 5 毫升，免疫期 6 个月。

⑥口蹄疫弱毒疫苗：每年春、秋两季各用同型苗接种 1

次，肌内或皮下注射，1～2岁牛1毫升，2岁以上牛2毫升。注射后14天产生免疫力，免疫期4～6个月。

⑦无毒炭疽芽胞苗：每年春季或冬季注射，免疫期12个月。接种注意事项：生物药品的保存、使用应按说明书规定进行；接种时用具（注射器、针头）及注射部位应严格消毒；生物药品不能混合使用，更不能使用过期疫苗；装过生物药品的空瓶和当天未用完的生物药品，应该焚烧或深埋（至少埋46厘米深）处理。焚烧前应撬开瓶塞，用高浓度漂白粉溶液进行冲洗；疫苗接种后2～3周要观察接种牛，如果接种部位出现局部肿胀、体温升高等症状，一般可不做处理；如果反应持续时间过长，全身症状明显，应请兽医诊治；建立免疫接种档案，每接种1次疫苗，都应将接种日期、疫苗种类和生物药品批号等详细登记。

(2)**驱虫**　每年春、秋各进行1次疥癣等体表寄生虫的检查。在6～9月份，梨形虫病流行区要定期检查并做好灭蜱工作。10月份对牛群进行1次肝片吸虫等的预防驱虫工作。春季对犊牛群进行球虫的检查和驱除工作，或按以下方法进行预防。对体内寄生虫可采取：第一，4～6月龄犊牛用左旋咪唑或芬苯哒唑驱虫1次；第二，配种前30天用左旋咪唑或芬苯哒唑驱虫1次；第三，产后20天用哈罗松或蝇毒磷驱虫1次。对体内外寄生虫可采取：第一，4～6月龄犊牛用阿维菌素驱虫1次；第二，配种前30天用阿维菌素驱虫1次。

4. **疫病监测**　每年春、秋两季（5月份和10月份）进行2次结核病、副结核病和布氏杆菌病的检疫，方法按农业部颁发的《动物检疫操作规程》进行，检出阳性反应牛应送隔离场或场外屠宰，可疑反应牛隔离复检后按有关法规处置。在牛群中应定期进行传染性鼻气管炎和牛病毒性腹泻（黏膜病）的血清学检查。当发现病牛或抗体阳性牛时，应隔离观察，必要时注射疫苗。

5. **控制奶牛出入,场内设病牛隔离区** 外售牛一律不得再次回牛场,调入牛必须经法定检疫单位检疫并取得检疫证书,进场后要隔离观察,确认健康后方可入群。病牛由专人管理,工具专用,死牛按规定处置(包括深埋或送入统一设定的焚尸场),不得食用或拉出场外饲喂其他动物。粪、尿、污水和剩余饲料要做无害化处理,处理设施与牛群应有适当距离。

(二)疫病扑灭措施

第一,发现疫情,应立即上报有关部门,成立疫病防制领导小组,统一领导防制工作。

第二,应及时隔离病牛。各牛场应根据实际条件,选择适当场地建立临时隔离站。病牛在隔离站内观察、治疗;隔离期间,站内人员、车辆不得回场。

第三,发生疫病的牛场在封锁期间要严格监测,发现病牛及时转送隔离站,要控制牛流动,严禁外来车辆和人员进场,每隔7～15天全场用2%氢氧化钠液消毒,粪便、蓐草和用具严格消毒及堆积处理,尸体深埋或化制(无害化处理),必要时可对全群做紧急预防接种。

第四,应在最后1头病牛痊愈、屠宰或死亡后,经过2周再无新病牛出现,全场经全面终末大消毒,报请上级有关部门批准后方可解除封锁。

思考题

1. 为什么要进行奶牛的保健?包括哪些措施?
2. 为什么要建立消毒制度?如何进行消毒?
3. 奶牛应当进行哪些传染病的接种免疫?
4. 为什么要定期驱虫?如何进行?

第六章　奶牛舍建筑与设备

一、庭院内奶牛舍建筑

（一）单间棚式奶牛舍

4 头以下奶牛多采用棚式建筑（图 6-1）。在棚内应将食槽紧贴后墙地面，不设饲喂通道，饲喂时可从牛体旁边通过，这样可缩短牛棚跨度。牛床长 1.8 米，后设明沟，宽 30 厘米，正好容下一平底铁锹，便于清除粪尿和排水。棚的跨度只需 3.5 米，坐北朝南，前面敞开，前檐高度不宜超过 2.4 米，后墙不超过 2.2 米。后墙上可开一窗，夏开冬闭，夏季能防日晒雨淋，冬季防寒保暖。

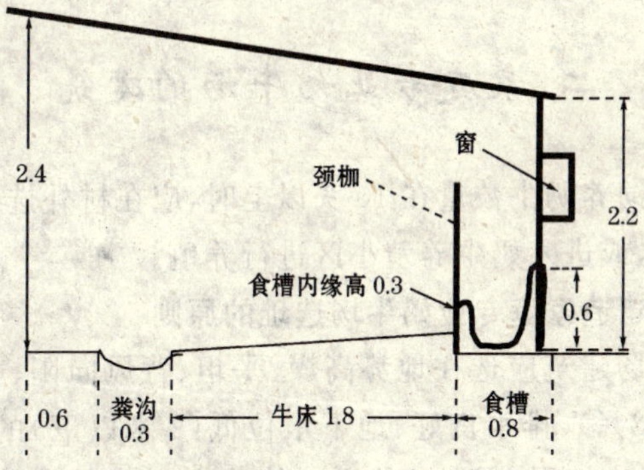

图 6-1　单间棚式奶牛舍横截面示意图　（单位：米）

（二）单列式奶牛舍

庭院养奶牛如在4头以上，不超过10头时，应采取单列式奶牛舍建筑（图6-2）。与单间棚式奶牛舍所不同的是：在食槽前设饲喂通道，在粪沟后设清粪通道。可采用双坡式屋顶或单坡式屋顶。牛舍跨度多为5.5米，高3.5米。紧贴牛舍一端建一挤奶间，与牛舍内部相通，饲喂和挤奶方便。

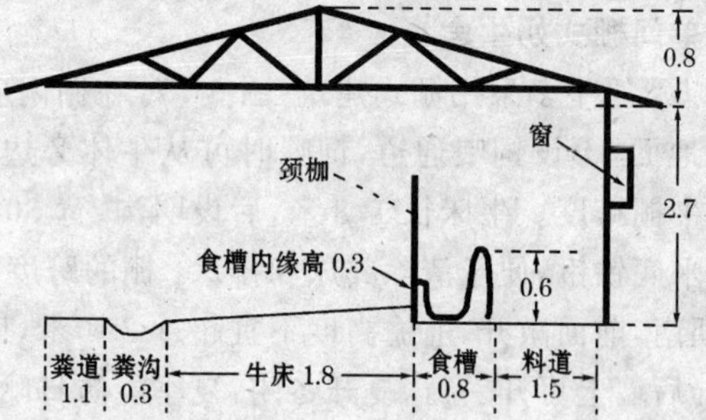

图6-2 单列式奶牛舍横截面示意图 （单位：米）

二、家庭专业奶牛场的建筑

家庭饲养奶牛数量在10头以上时，应在村外选址建造专业奶牛场，或进入奶牛养殖小区进行养殖。

（一）建造家庭专业奶牛场选址的原则

奶牛场建筑应选在地势高燥、平坦、背风向阳、有适当坡度（1%～3%）、排水良好、地下水位低（2米以下）的场所；土质干燥、透水性强、保温性能良好的砂壤土地，水源充足、水质良好的地方；远离沼泽地和易生蚊蝇的地方，远离化工厂、屠宰厂、制革厂及其他排污点；位于居民区的下风处，并保持

300 米以上的距离。

（二）牛舍建筑的基本要求

1. **牛舍的朝向** 以坐北朝南，并且以南偏东 15°角为宜。牛舍应有良好的采光和通风条件，使牛舍冬暖夏凉。舍内应有供水和排水设施，以便奶牛饮用、清洗和污水排放，保持牛舍卫生。

2. **建筑面积** 牛舍的建筑面积可按每头牛占舍内最低面积计算，即泌乳牛 9～10 $米^2$/头，初孕牛和育成牛 4.6～7 $米^2$/头，犊牛 2.2～2.8 $米^2$/头。

3. **地基** 一般比墙宽 15～20 厘米，埋置深度为 80～100 厘米。

4. **墙** 生产中多采用砖墙，墙体厚度 24～37 厘米。内、外墙地面以上部分用水泥沙浆抹 0.5～1 米的墙裙，外墙根地面向外要抹 0.5 米的滴水板。

按四周墙壁的封闭程度可分为封闭式牛舍、开放式牛舍、半开放式牛舍和棚舍。封闭式牛舍四周有完整墙壁；开放式牛舍三面有墙，一面无墙；半开放式牛舍三面有墙，一面只有半截墙；棚舍四周无墙。封闭式牛舍具有冬暖夏凉的优点，我国北方地区普遍采用。开放式或半开放式牛舍，通风性能好，冬季可在开放部分搭置塑料薄膜或挂草帘以抵御寒冷侵袭。

5. **地面** 牛舍地面应坚实耐用，平坦防滑，易于清扫、冲洗和消毒。牛舍地面向粪尿沟方向保持 1%～1.5%的坡度。目前我国牛舍多采用水泥地面，厚度不小于 10 厘米，高出舍外地面 10～15 厘米。

6. **门、窗** 牛舍门的设计应便于运送草料、清粪、送奶和牛的出入。牛舍两端山墙上的门应正对舍内中央通道。每栋牛舍一般有不少于 2 扇大门通向运动场，大门不设门槛和台阶，门的式样可选择外开门或推拉门。牛舍门高度2米，宽度2～2.5米。牛舍窗设在南墙和北墙上，一般窗的总面积为牛舍地面面积的8%，窗宽1.5～2米，高2～2.4米，窗台距地面高1～1.2米。

7. **屋顶** 双坡式屋顶是奶牛舍建筑中最基本的形式，易于修建，保温性能好，适宜于各生产阶段牛群使用。

（三）不同牛舍的建筑

1. **犊牛舍** 多采用封闭单列式或双列式。牛床长1.2米，宽0.8米。颈枷高1.2～1.4米，宽0.1米。食槽位于牛床前面，常为固定统槽，长度和牛床总宽度相等，上宽40～50厘米，下宽30～40厘米，靠牛侧槽缘高15厘米，外侧槽缘高35厘米。双列式饲喂通道1.2～1.5米，中央通道1.8～2米。单列式清粪通道1.5米。粪尿沟宽20～30厘米，深3～5厘米，边缘呈斜坡状，为便于排水，沟底要有6%的坡度。

近年来，国外犊牛饲养多用露天单笼培育技术，既可避免室内、外温差变化，又可防止犊牛相互吮舔，从而大大减少呼吸道和消化道疾病，提高犊牛成活率。这种犊牛舍可为固定式或移动式，犊牛舍为前敞开式箱形结构，前高1.2米、后高1.05米、长2.4米、门宽1.2米，舍外用直径6～8毫米钢筋制作椭圆形围栏，作为犊牛运动场；也可用木条做成长1.8米、宽1.2米、高1米的长方形围栏。每头犊牛占用面积5米^2。犊牛舍取坐北朝南方位。移动式犊牛舍为一牛一舍，舍与舍之间保持1～1.2米的间距。

2. **舍饲拴系饲养方式奶牛舍**

(1)**育成牛、青年牛舍** 可采用单坡单列敞开式或双坡双列对尾式封闭(或敞开)牛舍。每头牛占用面积6～7米^2，牛床长1.6～1.7米、宽0.8～1米、坡度1%～1.5%。颈枷、通道、粪尿沟、食槽与成年母牛舍相似。

(2)成年母牛舍　大多采用双坡双列对尾(或对头)式封闭(或敞开)牛舍(图 6-3)。每头牛占用面积 8～10 米^2,跨度 11～12 米。牛床长 1.6～1.8 米、宽 1～1.2 米、坡度 1%～1.5%。中央通道 2～2.5 米,拱度 1%。饲喂通道宽 1.2～1.5 米。食槽上宽 0.6～0.7 米、下宽 0.5～0.6 米,靠牛侧槽缘高 0.4 米,料道侧槽缘高 0.6～0.7 米。颈枷多采用自动或半自动推拉式,高 1.5～1.7 米,宽 12～18 厘米。粪尿沟宽 0.3～0.4 米、深 0.05～0.08 米,沟底要有 6%的坡度,沟缘呈斜坡形,以免牛蹄受伤;沟底为方形,便于方锹清粪。

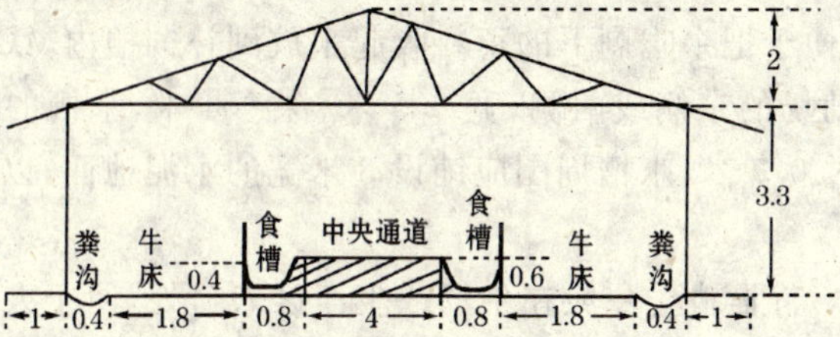

图 6-3　对头敞棚式泌乳牛、育成牛舍横截面示意图　(单位:米)

3. 产房　牛床长 1.8～1.9 米,宽 1.2～1.3 米,颈枷高 1.5 米,舍内床位数按成年母牛数的 10%～12%安排。

三、家庭专业奶牛场的附属设施与常用设备

(一)附属设施

1. **运动场与围栏**　运动场设在牛舍南面,离牛舍 5 米左右,以利于通行和植树绿化。运动场地面以砖地和土地各半为宜,并有 1%～1.5%的坡度,靠近牛舍处稍高,东、西、南面稍

低并设排水沟。每头牛需运动场面积：成年母牛 20 米^2，育成牛和青年牛 15 米^2，犊牛 8 米^2。

运动场四周设围栏，栏高 1.5 米，栏柱间距 2 米。围栏可用废钢管焊接，也可用水泥柱作栏柱，再用钢筋棍串联在一起。围栏门宽 2 米。

2. **凉棚**　一般建在运动场中间，常为四面敞开的棚舍建筑，建筑面积为每头牛 3～5 米^2。凉棚高度以 3.5 米为宜，棚柱可采用钢管、水泥柱、水泥电杆等，顶棚支架可用角铁或木架等。棚顶面可用石棉瓦或油毡材料。凉棚一般采用东西走向。

3. **补饲槽与饮水槽**　补饲槽设在运动场北侧靠近牛舍门口，便于把牛吃剩下的草料收起来放到补饲槽内。饮水槽设在运动场的东侧或西侧，宽 0.5 米、深 0.4 米，水槽的高度不宜超过 0.7 米，水槽周围应铺设 3 米宽的水泥地面，以利于排水。

4. **消毒池**　一般在牛场或生产区入口处，便于人员和车辆通过时消毒。消毒池常用钢筋水泥浇筑，供车辆通行的消毒池，长 4 米、宽 3 米、深 0.1 米；供人员通行的消毒池，长 2.5 米、宽 1.5 米、深 0.05 米。消毒液应维持经常有效。人员往来在场门两侧应设紫外线消毒走道。

5. **粪尿污水池和贮粪场**　牛舍和污水池、贮粪场应保持 200～300 米的间距。粪尿污水池的大小应根据每头奶牛每天平均排出粪尿和冲洗污水量多少而定：成年母牛 70～120 千克，育成牛 50～60 千克，犊牛 30～50 千克。

6. **兽医室**　一般设在牛场的下风口，包括诊疗室、药房、化验室、办公值班室及病牛隔离室，要求地面平整牢固，易于清洗消毒。

7. **人工授精室** 常设有精液处理（贮藏）室、输精器械的消毒设备和保定架等。

8. **青贮窖及干草贮藏室** 青贮窖和干草室一般建在牛舍的一侧，应远离粪尿污水池，其大小应根据奶牛的饲养量而定。

9. **精饲料加工室** 一般采用高平房，墙面应用水泥抹1.5米高，防止饲料受潮。加工室大门应宽大，以便运输车辆出入，门窗要严密。大型奶牛场还应建原料仓库及成品库。

（二）常用设备

1. **铡草机** 主要用于牧草和秸秆类饲料的切短以及制作青贮饲料的切铡。

2. **揉搓机** 主要用于秸秆切断和揉搓成丝状。

3. **粉碎机** 可分为爪式和锤式2种，前者主要用来加工子实原料及小块饼类饲料，后者粉碎粗饲料效果好。

4. **小型饲料加工机组** 主要由粉碎机、混合机和输送装置等组成。其特点是：第一，生产工艺流程简单，多采用主料先配合后粉碎再与其余饲料混合的工艺流程；第二，多数用人工分批称量，只有少数机组采用容积式计量和电子秤重量计量配料，添加剂采用人工分批直接加入混合机；第三，绝大多数机组只能粉碎谷物类原料，只有少数机组可以加工秸秆料和饼类料；第四，机组占地面积小，对厂房要求不高，设备一般安置在平房建筑物内。

5. **袋装青贮装填机** 由切碎、装填等装置组成，与传统青贮窖等生产方式比较具有如下优点：设备投资少，不需要修建青贮窖等设备，不占用土地；可较好地控制青贮饲料质量，原料损失少，营养保存率高，当采用半干青贮技术时，干物质含量较窖、塔青贮高1倍；取用方便，可减轻饲养人员劳动强度；生产灵活性强，小袋青贮便于运输，为青贮的商品化创造了条件；为豆科优良牧草的加工贮存提供了有效的方法和设备。

6. **桶式挤奶机** 有提桶式、悬吊式和挤奶车3类。此类机械构造简单，投资少，操作方便，适用性广。一般每人每小时使用这种机械可完成15～20头产奶牛挤奶作业。

7. **其他器械** 牛用耳标、人工授精器械等。

思考题

1. 奶牛场选址的原则是什么？
2. 牛舍建筑的基本要求是什么？
3. 为什么奶牛应设有运动场？面积应如何设计？